图说生活天下美食系列　　全面 经典 实用 易学

新鲜好味道

新编

粤菜大全

段晓猛◎主编

内蒙古人民出版社

图书在版编目(CIP)数据

新编粤菜大全 / 段晓猛主编.—呼和浩特 :内蒙古人民出版社, 2009.10
（图说生活 :天下美食系列）
ISBN 978-7-204-10193-1

Ⅰ.①新… Ⅱ.①段… Ⅲ.菜谱 Ⅳ. TS972.12

中国版本图书馆CIP数据核字(2009)第187293号

图说生活天下美食系列

主　　编　　段晓猛
责任编辑　　朱莽烈
封面设计　　创品牌
出版发行　　内蒙古人民出版社
社　　址　　呼和浩特市新城区新华大街祥泰大厦
印　　刷　　北京凯达印务有限公司
开　　本　　710×1000mm　1/16
印　　张　　10
字　　数　　270千字
版　　次　　2009年11月第1版
印　　次　　2015年1月第2次印刷
印　　数　　1-5000套
书　　号　　ISBN 978-7-204-10193-1
定　　价　　29.80元

如出现印装质量问题，请与我社联系。联系电话：(0417)4771562 4971659

目录

[妙手厨艺 经典美味轻松上桌]

FOOD
COOKING

美味粤菜

营养粤菜

滋补粤菜

养生粤菜

美味粤菜

农家
小炒肉

[主材料]

鲜肉 100 克、青笋 150 克

[调味料]

食用油、碘盐、姜、蒜、干辣椒各适量。

● 做法

① 先把鲜肉、青笋切丝，备用。

② 锅放油，六成热时，加入鲜肉炒一会儿，加入调料，再放青笋丝炒。

③ 最后加入少量味精即可。

小提示

青笋多食易上火，对视力有影响。

香菇
肉丝

[主材料]

芦笋 300 克、猪肉（瘦）200 克

[调味料]

香菇（鲜）50 克，鸡蛋 100 克，大葱，姜，植物油，盐，淀粉，香油适量。

● 做法

① 香菇洗净后切成丝，泡至有液体浸出，将浸出液体滤净备用；芦笋切成丝状；猪肉切成丝状，再打入鸡蛋搅拌；

② 将肉丝入锅过油后捞出，并在余油中倒入葱、姜略微翻炒一下；再放入芦笋、香菇、肉丝、盐翻炒；把香菇浸出液倒入锅内略煮，然后以淀粉勾芡，最后淋上香油即可出锅。

小提示

芦笋有鲜美芳香的风味，膳食纤维柔软可口，能增进食欲，帮助消化。

现代研究杜仲具有清除体内垃圾，加强人体细胞物质代谢的作用。

杜仲
猪腰

[主材料]

猪腰子 400 克

[调味料]

杜仲 15 克。

● 做法

① 将生杜仲切成长 3.3 厘米、宽 1.6 厘米的段片；用竹片将猪腰破开，呈钱包形。

② 然后把切好的杜仲片装入猪腰内，外用湿草纸将猪腰包裹数层。

③ 将用草纸包好的猪腰放入柴灰火中慢慢烧烤，烧熟后取出，除去草纸即成。

鲍汁
扒百灵菇

[主材料]

上海青 100 克、百灵菇 400 克

[调味料]

盐、醋、生抽各适量。

● 做法

① 百灵菇洗净，切片；上海青洗净。

② 锅中水烧沸，下入百灵菇、上海青，氽熟，捞出摆盘。

③ 将鲍汁调入盐、醋、生抽，勾芡，浇在原材料上即可。

小提示

白灵菇肉质细嫩，味美可口，具有较高的食用价值，被誉为"草原上的牛肝菌"和侧耳，颇受消费者的青睐。

　　生菜中含有干扰素诱生剂，可以刺激人体正常细胞产生干扰素，抵抗病毒，提高人体的免疫力。

蚝油
生菜

[主材料]

生菜 600 克

[调味料]

蚝油、酱油、白糖、水淀粉、料酒、盐、味精、胡椒面、蒜末、香油、汤各适量。

● 做法

① 把生菜老叶、黄叶及杂质去掉，清洗干净。

② 锅中盛水，加盐、糖、油，大火烧开后下生菜，炒几下倒出，压干水分，倒入盘中。

③ 锅中下油烧热，加蒜炒香，加蚝油、料酒、胡椒面、糖、味精、酱油、汤，烧开后勾芡，与香油一起淋在生菜上即可。

白灼
芥蓝

[主材料]

芥蓝 200 克

[调味料]

鲜姜、大葱、生抽、美极酱油、糖、花生油各适量。

● 做法

① 先把芥蓝择洗干净，根部用小刀刮去表皮；鲜姜切丝，大葱切丝备用。

② 炒锅放少许花生油烧热，放葱、姜丝，稍煸出香味，放入糖、生抽、美极酱油调好汤汁后用铲子文火搅动，闻到香味即可。

③ 加工好的汤汁淋在盘底，再把芥蓝整齐摆放装盘。

　　一般人群均可食用。特别适合食欲不振、便秘、高胆固醇患者。

小提示

　　西洋菜具有清燥润肺、化痰止咳、利尿等功效。

蒜蓉
西洋菜

[主材料]

西洋菜 400 克

[调味料]

大蒜 10 克，盐 4 克、味精 2 克，高汤、色拉油各适量。

● 做法

① 西洋菜择去老叶，洗净；大蒜剁成蓉备用。

② 热油锅，爆香蒜蓉，再下西洋菜炒至断生。

③ 锅中下少许高汤，旺火烧开，加盖焖煮一会，加盐、味精调味即可。

南乳
莲藕

[主材料]

莲藕 500 克

[调味料]

南乳汁 50 克，盐 5 克、味精 3 克，生抽、醋、色拉油各适量。

● 做法

① 将莲藕洗净，切成薄片，氽水备用。

② 锅中下油烧热，将藕片下入锅中翻炒两分钟，再下少许水，焖煮至水干。

③ 将南乳汁、盐、味精、生抽、醋下入锅中，炒至藕片入味即可。

小提示

　　吃鲜藕能清热解烦，解渴止呕；煮熟的藕性味甘温，能健脾开胃，益血补心，故主补五脏，有消食、止渴、生津的功效。

腰果中维生素B1的含量仅次于芝麻和花生，有补充体力、消除疲劳的效果，适合易疲倦的人食用。

西芹百合炒腰果

[主材料]

西芹100克，百合、胡萝卜、腰果各50克

[调味料]

盐5克、鸡精8克、生抽6毫升，食用油适量。

● 做法

① 胡萝卜洗净，切片；西芹洗净，切段；百合、腰果洗净备用。

② 将胡萝卜、西芹、百合入沸水中焯熟。锅中下油烧热，先下腰果炸香，再下胡萝卜、西芹、百合及调味料，翻炒一会即可。

广东烤鸭

[主材料]

嫩鸭1只

[调味料]

应时蔬菜、精盐、胡椒粉、黄酒和辣酱油各少许。

● 做法

① 将嫩鸭洗净后沥干，用精盐和胡椒粉涂抹一遍后，烹上黄酒和辣酱油，再浇上熔化白脱油，将蔬菜香料切成碎块后撒上，加入少许清水。

② 进入烤炉内，烤至金黄色并熟透时取出，切成大块后装入盆内，浇上烤剩的油汁，边上配放一些应时蔬菜后即可上桌食用。

小提示

人们都喜欢用黄酒作佐料，在烹制荤菜时，不仅可以去腥膻还能增加鲜美的风味。

香干炒芹菜

[主材料]

五香豆腐干 150 克、芹菜 250 克

[调味料]

猪瘦肉 50 克，葱末、姜、酱油各适量。

● 做法

① 将芹菜择去叶，洗净，顺长剖开切成寸段；五香豆腐干切成丝；猪瘦肉切成长 5 厘米、粗 0.2 厘米的丝。

②
③ 炒锅置中火上，加入植物油，烧至五成热时放入葱末、姜、肉丝煸炒至肉丝变白，加入酱油，放入芹菜段翻炒片刻，放入豆腐干丝、盐、味精炒熟出锅即可。

小 提 示

香干含有丰富的蛋白质、维生素A、B、钙、铁、镁、锌等营养元素，营养价值较高。

返沙芋头

[主材料]

芋头 300 克

[调味料]

白糖 80 克、色拉油、葱花各适量。

● 做法

① 白糖 80 克、色拉油适量、葱花。将芋头去皮洗净，切成大小均匀的寸段，下油锅用中小火炸熟待用。

② 炒锅洗净，放下水和白糖，用中火熬，并用勺不停地搅拌。至糖浆表面浮起大泡，便把炸熟的芋段和适量的葱花倒入糖浆中，用锅铲轻快地翻铲，并对着原料吹风，糖浆在芋段外层均匀地凝结一层白霜般的糖粉即成。

小 提 示

芋头生食有小毒热食不宜过多，易引起闷气或胃肠积滞。

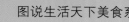

小提示

　　花椰菜烹炒后柔嫩可口，适宜于中老年人、小孩和脾胃虚弱、消化功能不强者食用。

焗焗
烩白菜

[主材料]

白菜 500 克、花椰菜 200 克、牛奶 100 毫升

[调味料]

水 3 杯、面粉 5 克，糖、盐、黑胡椒 6 克。

● 做法

① 将白菜洗净沥干，切大段；花椰菜分成小朵，洗净备用。

② 取一锅，加入 3 杯水煮沸，再放入白菜熬煮 2 至 5 分钟至软，把花椰菜、黑胡椒、调味料先拌匀，再加入锅里，慢慢搅拌均匀，以小火煮沸后即可熄火，将烤箱预热至 200℃，放入烤盘，烤 20~25 分钟。

酿
苦瓜

[主材料]

苦瓜 500 克、五花肉 100 克

[调味料]

盐、料酒、水淀粉、葱末、姜末、鲜汤、色拉油各适量。

● 做法

① 将苦瓜墩空心填满肉馅，摆入盘内，入蒸笼内用大火蒸熟，取出切段备用。

② 炒锅注油烧热，下入葱姜末爆香，加入鲜汤、盐、料酒烧开，用水淀粉勾芡，淋上熟油，浇在苦瓜上即成。

小提示

　　苦瓜的维生素C含量很高，具有预防坏血病、保护细胞膜、防止动脉粥样硬化、提高机体应激能力、保护心脏等作用。

　　茄子与肉同食,可补血,稳定血压,还可预防紫癜。

咸鱼
茄子煲

[主材料]

茄子 500 克、咸鱼 100 克

[调味料]

姜 10 克、蒜 5 克、葱 15 克,蚝油、老抽、盐、味精各适量。

● 做法

① 将咸鱼洗净,切丁;茄子洗净,去皮,切成条;葱洗净,切段;姜、蒜洗净,切片。

② 净锅置火上,下油烧至七成热,下入咸鱼炸香,捞出;茄子条入油锅中炸至金黄色,捞出沥油。

③ 另取净锅下油,烧至六成热时,下姜片、蒜片、葱段、蚝油炒香,再加入鲜汤少许,下入茄条、咸鱼,烧至茄条软时,加入调料,勾芡,装入烧好的煲内即成。

泰汁
酿茄子

[主材料]

茄子 400 克、猪肉 200 克、泰汁 100 毫升

[调味料]

西蓝花适量,蒜 10 克、姜 5 克、红椒 10 克。

● 做法

① 茄子洗净,切连刀块;猪肉洗净,剁碎;蒜去皮,剁蓉;姜切末;红椒切粒;西蓝花洗净后切朵。

② 将红椒粒、盐拌匀,酿入肉碎,入六成热油锅中炸熟,捞出沥油;西蓝花焯水装盘。

③ 锅中留少许底油,爆香蒜蓉、姜末和泰汁,倒入鸡汤、茄子,调入调味料,用生粉勾芡即可。

　　西兰花对杀死导致胃癌的幽门螺旋菌具有神奇功效。

天麻富含天麻素、天麻多糖、甙类、生物碱、香荚兰醇、香荚兰醛、琥珀酸等，其中天麻素和天麻多糖是主要成分。

天麻
炖羊头

[主材料]

山羊头 300 克、老母鸡 500 克

[调味料]

天麻 50 克、生姜 20 克，花雕酒、天麻片、姜各适量。

● 做法

① 羊头去细毛，剖成两半，用开水氽羊舌及口腔，去外膜，洗净；老母鸡掏出内脏，洗净；生姜切片；天麻用微波炉低火烧 1 分钟至软切片，老母鸡、羊头分别下沸水锅里氽烫后捞出。

② 羊头、老母鸡放入炖盅内，加生姜片、天麻片、盐、清水、花雕酒，放入蒸锅中，改用小火炖至羊头熟烂，加盐、味精即成。

白切鸡

[主材料]

净肥嫩雏母鸡 1 只

[调味料]

葱 120 克、姜 40 克、胡椒粉少许、盐 15 克、味精 8 克。

● 做法

① 母鸡宰杀后洗净，在煮沸的汤锅内浸烫熟，取出后切成块；葱、姜切成细丝备用。炒锅内倒入油，在旺火上烧开；往鸡身上撒上姜丝，然后以热油浇淋，再放葱丝。

② 炒锅内下汤 200 毫升，在文火上烧开，再加入胡椒粉、盐、味精等熬成汁，浇淋于鸡上。

小提示

葱的主要营养成分是蛋白质、糖类、维生素A原（主要在绿色葱叶中含有）、食物纤维以及磷、铁、镁等矿物质等。

小提示

　益胃生津，养阴清热。

金霍斛蝎子
炖老鸡

[主材料]

老鸡 300 克

[调味料]

蝎子 20 克、金霍斛 10 克、麦冬 5 克、花旗参 3 克。

● 做法

① 老鸡洗净，剁成大块，再入沸水中氽烫后洗净；所有药材洗净备用。

② 将鸡块、药材放入炖盅中，加入水，入蒸锅中炖 3 小时。

③ 至汤炖好，去掉汤表面的油，再调入调味料即可。

霸王花
猪肚汤

[主材料]

霸王花 50 克、猪肚 1 个

[调味料]

蜜枣 4 粒、南北杏仁共 2 汤匙，盐 5 克、陈皮 10 克。

● 做法

① 霸王花用清水浸软刮去囊，洗净；陈皮用清水浸软后洗净。

② 猪肚用清水洗净入沸水中煮 10 分钟，取出沥干水，用白净锅将两面煎片刻，取出洗净。

③ 锅中盛适量水煮滚，下霸王花、猪肚、陈皮、蜜枣、南北杏，用大火煮滚，再转慢火煮 3 小时，下盐调味即可。

小提示

　霸王花性味甘微寒，具有丰富的营养价值和药用价值。

小 提 示

雪蛤补肾益精、养阴润肺。

海底椰
炖雪蛤

[主材料]

鸡肉 50 克、海底椰 1 个、雪蛤 20 克

[调味料]

盐 5 克、味精 1 克、鸡精 2 克。

● 做法

1. 鸡肉洗净,剁成大块;海底椰去壳取肉,切成块;雪蛤泡发备用。

2. 将鸡块、海底椰肉、雪蛤放入炖盅中,加入水,入蒸锅中炖煮 3 小时。

3. 调味料下入汤中,将炖好的汤调入味即可。

卤水
拼盘

[主材料]

鸭肾 80 克、鸭掌 80 克

[调味料]

鸭翅、腩肉,花椒、八角、陈皮、桂皮、甘草、姜、葱、生抽、老抽各适量。

● 做法

1. 将鸭肾、鸭掌、鸭翅及腩肉分别洗净。

2. 将花椒、八角、陈皮、桂皮、甘草、姜、葱、生抽、老抽放入锅中,加适量水,烧开,再下入鸭肾、鸭掌、鸭翅及腩肉卤制。

3. 卤制 1 小时,至原材料熟,取出晾凉,再切片装盘即可。

小 提 示

陈皮用于脘腹胀满,食少吐泻,咳嗽痰多。

小提示

　　排骨的选料上，要选肥瘦相间的排骨，不能选全部是瘦肉的，否则肉中没有油份，蒸出来的排骨会比较柴。

炖
柠檬鸭

[主材料]

鸭 1 只（约 750 克）、上汤 750 毫升

[调味料]

柠檬 1 个，精盐、味精、芝麻油各适量。

● **做法**

① 将鸭剖腹取出内脏，用开水烫过，洗去血水污物，再用清水漂凉，捞起，装入炖盅。

② 加入精盐、上汤，放入蒸笼隔水炖 50 分钟后，再加入柠檬，再炖 10 分钟，加入味精，淋下芝麻油即成。

莲藕
炖排骨

[主材料]

排骨 500 克、莲藕 200 克、红小豆 100 克

[调味料]

红枣 3 颗，陈皮适量。

● **做法**

① 将莲藕切成楔形块状，锅内放入莲藕块，用中火煮。

② 在锅中放入新鲜排骨，高火烧 3 分钟后将油水倒出，将已显白色的排骨放进有莲藕的锅中，同时放入姜片、葱白，加盖高火清煮，10 分钟后，用勺翻搅后将小辣椒、花椒、茴香适量入锅，并放盐，再加盖中火炖之，20 分钟后，在翻滚的汤里加适量鸡精、盐，小火炖 10 分钟后撒味精，开盖小火煨 2 分钟。

小提示

　　柠檬酸具有防止和消除皮肤色素沉着的作用，爱美的女性应该多食用。

　　我国医学认为，海蜇有清热解毒、化痰软坚、降压消肿之功效。

老醋蜇头

[主材料]

海蜇 300 克

[调味料]

香菜 30 克、大葱 50 克、红椒 1 个，盐、味精、麻油、陈醋、生抽各适量。

● 做法

① 大葱、红椒切丝；香菜洗净，切成段。

② 海蜇入沸水中稍余烫后，捞出放入清水中泡 1 小时，再捞出沥干水分。

③ 将调味料与海蜇拌匀，再拌入椒丝、葱丝、香菜即可。

冬瓜薏米煲鸭

[主材料]

鸭 1000 克、冬瓜 1500 克

[调味料]

薏米 75 克，姜 10 克、糯米酒 10 毫升、盐 5 克、味精 3 克、陈皮 1 克。

● 做法

① 鸭宰杀，去毛，去内脏，洗净；姜去皮洗净捣剁成蓉，浸泡入糯米酒中制成姜汁酒；冬瓜洗净，备用。

② 中火烧热炒锅，下油放入鸭略煎，倒姜汁酒后把鸭盛起，凉后切件；取大瓦煲一个放入冬瓜、薏米、陈皮，加水，用旺火烧沸再放鸭，改用慢火煲至汤浓缩约 1500 毫升便成。

③ 上菜时，把冬瓜盛在碟底，切好的鸭件排在瓜面上，汤调入盐、味精上桌即可。

　　冬瓜性寒凉，脾胃虚寒易泄泻者慎用；久病与阳虚肢冷者忌食。

川贝鳄鱼
炖鹧鸪

[主材料]

鹧鸪 200 克

[调味料]

鳄鱼肉 20 克、川贝 10 克、枸杞 5 克，盐 5 克、味精 2 克、鸡精 2 克。

● 做法

① 鹧鸪宰杀后洗净，剁成块；鳄鱼肉洗净，切块；所有药材洗净备用。

② 将鹧鸪、鳄鱼肉、药材放入炖盅中，加入水，入蒸锅中炖煮 3 小时。

③ 调味料下入汤中，将炖好的汤调入盐、味精、鸡精，即可食用。

小提示

　　鹧鸪味甘、性温、无毒，入脾、胃、心经。

人参甲鱼
炖老鸽

[主材料]

老鸽 150 克、甲鱼 150 克

[调味料]

人参 10 克、淮山 10 克、枸杞 3 克。

● 做法

① 老鸽洗净，剁成大块；甲鱼宰杀，洗净，剁成大块；所有药材洗净备用。

② 将老鸽、甲鱼、药材放入炖盅中，加入水，入蒸锅中炖煮 4 小时。

③ 调味料下入汤中，将炖好的汤调入味即可食肉喝汤。

小提示

　　淮山怕冷怕冻，保存温度应为4℃～15℃。

野生灵芝
炖响螺

[主材料]

灵芝 20 克、响螺 30 克、海马 30 克

[调味料]

淮山 20 克,盐 5 克、味精 2 克、鸡精 1 克、高汤 250 毫升。

● 做法

① 响螺、海马洗净;灵芝、淮山洗净备用。

② 将响螺、海马、灵芝、淮山放入炖盅中,加入高汤,入蒸锅中炖煮 3 小时。

③ 调味料下入汤中,将炖好的汤调入味即可食用。

小提示

　　无论在肝脏损害发生前还是发生后,服用灵芝都可保护肝脏,减轻肝损伤。

香辣
鸡胗

[主材料]

鲜鸡胗 250 克

[调味料]

干红辣椒、姜、葱段、蒜末、料酒、味精、盐、植物油各适量。

● 做法

① 姜洗净,去皮,一半切片,一半切末;鲜鸡胗洗净,切薄片,锅里放水,加少量料酒、姜片、盐,煮沸后放入鸡胗煮 3 分钟左右捞出,过冷水捞出待用;干红辣椒切丝。

② 炒锅里放少许植物油烧至八成热,放入葱段、红辣椒炒香,再放入姜末、蒜末,加入鸡胗翻炒,加少许盐炒匀,淋上料酒,加入味精调味即可起锅。

小提示

　　鸡胗就是鸡的胃。韧脆适中,口感好,据《本草纲目》,它还有"消食导滞",帮助消化的作用。

小提示

鲳鱼具有益气养血、补胃益精、滑利关节、柔筋利骨之功效。

一品
鲳鱼

[主材料]

鲳鱼1条约600克

[调味料]

酱油、绍酒各1汤匙，糖、香醋各1茶匙。

● 做法

① 将鲳鱼去内脏洗净，鱼身两侧头尾各划一个十字刀，中间横划一刀，用酱油(1/3)、绍酒(1/2)略腌，再沾上生粉。

② 烧热锅，下油，至八成熟时，将鲳鱼下锅炸至金黄色时倒进漏勺滤去油。

③ 锅内留适量油，下蒜茸煸香，加水，再加入咖喱粉、胡椒粉，煮滚倒进鲳鱼，煨至汁将干时调味，起锅装在碟中，碟边配番茄片、眉毛葱即可。

苦瓜
肥肠

[主材料]

苦瓜1根、大肠1条

[调味料]

辣椒1个、蒜末、酒1大匙、酱2大匙、糖1茶匙，胡椒粉、芡汁少许。

● 做法

① 苦瓜洗净，剖开后去籽，先横切三小段，再直切成条状。

② 大肠先洗净，煮烂再取出，剖开后切条；辣椒切斜片。用2大匙油先炒蒜末，再放入大肠同炒，接着放苦瓜，并加入所有调味料（芡汁除外）。

③ 小火烧入味，同时放入辣椒片，烧至汤汁稍收干时，勾芡即可盛出。

小提示

猪大肠有润燥、补虚、止渴止血之功效。可用于治疗虚弱口渴、脱肛、痔疮、便血、便秘等症。

小提示

　　健体美颜、开胃益食、益气养血、除湿去烦、开胃健脾。

黑胡椒 牛柳

[主材料]

牛里脊 200 克

[调味料]

蒜末、黑胡椒、麻油、酱油、蒜末、洋葱、蘑菇片各适量。

● 做法

① 牛肉切粗条，加盐、味精、酱油腌20分钟。

② 用些许油爆香蒜末，加入牛肉翻炒，捞出。

③ 留底油炒洋葱丝和蘑菇，倒入牛肉及盐、酱油、黑胡椒、麻油,快速翻炒即可。

广州 腊鸭脚

[主材料]

鸭掌 200 克，鸭肝 150 克，猪肉(肥)100 克

[调味料]

白砂糖 20 克，盐 15 克，黄酒 15 克。

● 做法

① 将鸭脚从膝部斩断；鸭脚用白糖、盐、酒腌 12 小时，取出晾半干。

② 用每只鸭脚夹鸭肝、猪肥肉各一片，外用鸭肠缠紧，晒干或烘干即成，适宜蒸食。

小提示

　　鸭掌含有丰富的胶原蛋白，和同等质量的熊掌的营养相当。

把豆腐放在盐水中煮开，放凉后之后连水一起放在保鲜盒里再放进冰箱，则至少可以存放一个星期不变质。

黄金豆腐

[主材料]

豆腐 200 克

[调味料]

咸蛋黄、香葱，盐、味精、胡椒粉各适量。

● 做法

① 豆腐切丁，用盐水焯一下，捞起后装盘。葱洗净切花。

② 锅内放油，下入咸蛋黄碎炒散，加适量盐、味精、胡椒粉翻炒 1 分钟。将炒好的蛋黄浇在加工好的豆腐上，再撒少许葱花即成。

脆皮大肠

[主材料]

大肠头 750 克

[调味料]

酱油 100 克、白酒 25 克、精盐 10 克、甘草 5 克、桂皮 5 克、八角 5 克。

● 做法

① 先把肠头洗干净，用滚水滚熟，洗干净候用。

② 锅里加清水 2000 克，放入酱油、盐、酒、南姜片、甘草、桂皮、八角，沸腾时投入猪肠，用慢火卤之，食用时将大肠放入蒸笼，蒸热取出，马上抹上湿生粉。

③ 起锅下油，把大肠炸至金黄色，捞起切段，碟边摆香菜、酸黄瓜或酸萝卜均可，淋下胡椒油和潮州甜酱。

脆皮大肠的皮脆味甘香，肥而不腻，以潮州甜酱佐食，更具特色。

小提示

　　椰肉味甘，性平，具有补益脾胃、杀虫消痒的功效。

椰香鸡

[主材料]

椰子1只、土鸡腿3只

[调味料]

红枣15颗，盐1/4茶匙。

● 做法

① 椰子切去上半部1/4，将汤汁倒出备用。

② 鸡腿洗净切大块状，入滚水汆烫后洗净沥干。

③ 将鸡腿块装入椰子盅内，倒入椰子汁、红枣及盐，封上保鲜膜入蒸笼蒸50分钟即可。

铁板
海皇豆腐

[主材料]

鲜鱿50克、豆腐100克

[调味料]

虾仁、带子、鸡蛋、鲍汁、盐、味精、酱油、料酒各适量。

● 做法

① 虾仁、带子、鲜鱿切粒加盐、味精、酱油、料酒爆炒，做成海鲜料。

② 豆腐切块上蛋浆，下油锅中炸至金黄，再把鲍汁、海鲜料浇在上面，盛在烧热的铁板上。

小提示

　　外层香口、内里滑溜的豆腐，有了鲍汁的调味和海鲜料的提鲜和丰富口感，既达到粗料精做的效果，又老少咸宜。

皮酥肉嫩、鲜香味美的特点。常吃可使身体强健，清肺顺气。

脆皮乳鸽

[主材料]

肥嫩乳鸽一只

[调味料]

桂皮、甘草、八角、黄酒、葱花、姜，白酱油、鸡汤、精盐、饴糖、白醋、丁香各适量。

● 做法

1 将乳鸽除去内脏洗净。另将各种香料放入鸡汤内，上锅烧约一小时，即成白卤水，再将乳鸽放入白卤水内，即停火，浸至一小时后取出。

2 用饴糖、白醋调成原糊，涂在乳鸽皮上，挂在风凉处吹三小时，等乳鸽皮吹干，即入生油锅炸至金黄色，装盘，盘边加椒盐即可。

白切鸭

[主材料]

鸭 1000 克

[调味料]

芝麻 45 克、辣椒(红、尖)50 克，香菜 25 克、姜 10 克、生抽 30 克、香油 15 克。

● 做法

1 辣椒切细丝；姜切片备用；芝麻放干锅内炒香待用。

2 香菜洗净切碎末；将鸭尾切去，撕去肥油，洗净控干水分，用 8 克酒搓匀，放姜片蒸 1 个小时；鸭冷后切块上碟，淋上调味料，撒上香菜、芝麻、辣椒即可。

小提示

肉质细嫩，润滑清甜，无膻味，补中养胃、化痰止咳、滋阴润肺。

辣拌
雪蛤

[主材料]

活雪蛤 200 克

[调味料]

姜、蒜蓉、辣椒末、青蒜丝,川味红油、酱油、
香醋、辣酱各适量。

● 做法

① 雪蛤搓洗干净,蒸至开口。取肉用冰水
泡洗干净,滤干,挤去水分。

② 将雪蛤和姜、蒜蓉、辣椒末、青蒜丝,
川味红油、酱油、香醋、辣酱一起拌均
即可。

小提示

雪蛤能提高人体免疫力、延缓衰老、美
容养颜,调节女性内分泌、改善更年期症状
有很好的疗效等。

白云
猪手

[主材料]

猪前后脚各 1 只

[调味料]

盐、白醋、白糖、五柳料(瓜英、锦菜、红姜、
白酸姜、酸芥头制成)各适量。

● 做法

① 将猪脚去净毛及趾甲,洗净,用沸水煮
约 30 分钟,改用清水冲漂约 1 小时,
剖开切成块,每块重约 25 克,洗净,
另换沸水煮约 20 分钟,取出,又用清
水冲漂约 1 小时,然后再换沸水煮 20
分钟至六成软烂,取出,晾凉,装盘。

② 将白醋煮沸,加白糖、精盐煮至溶解,
滤清,凉后倒入盆里,将猪脚块浸 6 小
时即可。

小提示

酸中带甜,肥而不腻,皮爽脆,食而不
厌,骨肉易离,皮爽肉滑,是佐酒佳肴。

小提示

　　每天食用葱，对身体有益。葱可生吃，也可凉拌当小菜食用，作为调料。

滑蛋
牛肉

[主材料]

腌牛肉片 250 克、鸡蛋 8 个、花生油 500 克

[调味料]

盐、味精、胡椒粉、葱、香油各适量。

● 做法

① 鸡蛋搅匀，加入味精、精盐、胡椒粉、葱和油 25 克，一并拌成蛋浆。

② 在花生油烧至四成热时放入牛肉片至熟捞出，与蛋浆一起拌匀。

③ 将炒锅放回火上，倒入拌匀的牛肉，边炒边加油 25 克，再淋上花生油和香油炒匀即可。

爆炒
猪肝

[主材料]

猪肝 200 克、黄瓜 100 克、水发木耳 20 克

[调味料]

葱花、姜丝、蒜、酱油、盐、油、味精、白糖各适量。

● 做法

① 猪肝洗净，倒入白醋腌渍后，洗净，切成薄片，用料酒、淀粉、盐拌匀；黄瓜洗净，切片，木耳洗净，撕小块。

② 锅内倒油烧至九成热，爆炒葱花、姜丝、蒜末，将猪肝放入爆炒，迅速洒上料酒翻炒，再放入黄瓜片、木耳块快速翻炒，加入酱油、盐、白糖、味精和少许清水炒熟，用水淀粉勾芡，再翻炒片刻即可。

小提示

　　猪肝不易烹制的太嫩，太也不易太老，以炒至看不到血丝为标准。

　　鲈鱼具有补肝肾、益脾胃、化痰止咳之效，对肝肾不足的人有很好的补益作用。

清蒸鲈鱼

[主材料]

鲈鱼1条

[调味料]

胡椒粉、黄酒、香菇、火腿、豉油、姜、葱、食用油各适量。

● 做法

① 鲈鱼收拾干净后擦干水分，用盐、胡椒粉、黄酒擦匀后腌制半个小时。

② 香菇泡发、圆火腿切片、姜切片、葱切段及丝备用。将葱段塞进鱼肚子里，姜片码好，周边围上火腿和香菇块，蒸锅旺火烧开，放入盘子，蒸10分钟，关火，再虚蒸八分钟，端出盘子，去掉姜片，淋上蒸鱼豉油，另起锅，烧少许食用油，浇在鱼身上撒上葱丝即可。

姜葱生蚝

[主材料]

生蚝200克

[调味料]

姜两三片、葱两根，盐、生抽、蚝油、酒各适量。

● 做法

① 葱拍扁切段,分开葱白和葱叶,姜切片。

② 生蚝清洗后,烧开一锅水,放进水里烫几下,看到汤水变白,鼻子闻到海腥味,即可捞起,不用煮太久;用厨房纸把焯过的生蚝吸去水分;锅内放少许油,先把姜和葱白爆香。

③ 放入生蚝,小心翻炒;烹入少许水,加入酒、盐、生抽和一点蚝油炒匀;最后放入葱叶段即可熄火。

小提示

　　味美鲜香，四季皆宜食用。

 小提示

此菜具有美容丰胸的功效。

卤猪蹄

[主材料]

猪蹄 450 克

[调味料]

花生 38 克、香菜、香料 1 包、味精、冰糖、酱油、海山酱。

● 做法

① 将猪蹄、味精、冰糖、酱油、海山酱、花生及香料一同用大火煮 15 分钟。

② 煮好的卤猪蹄放入大碗,上置香菜点缀。

大良炒鲜奶

[主材料]

牛奶 200 克,鸡蛋 3 个

[调味料]

鲜草菇、菱粉、精盐、味精各适量。

● 做法

① 将鸡蛋、牛奶、菱粉、精盐、味精放碗内,调成奶蛋糊,草菇切粒,放入奶蛋糊内调匀。

② 炒锅上小火,倒入生油烧热,将拌好的奶蛋糊倒入推匀,继续炒至嫩熟即成。

小提示

此菜洁白,软嫩,鲜香,清爽可口。

菠萝
古老肉

[主材料]

猪肉 150 克, 菠萝 50 克

[调味料]

鸡蛋、青椒、红椒、白醋、番茄酱、生粉各适量。

● 做法

① 将猪肉切成厚约 0.7 厘米的片, 放入盐、味精、鸡蛋、生粉、料酒腌味; 青椒、萝卜切三角块。

② 猪肉片挂鸡蛋、干淀粉; 将白醋、番茄酱、糖、盐、胡椒粉调成汁。

③ 猪肉片入热油锅内炸熟, 浆料头爆响, 放入青、红椒与菠萝炒热, 放入调好的汁勾芡, 下入炸好的猪肉翻炒即成。

小提示

里脊肉已经炸熟了, 蔬菜加入料汁不要炒太久, 脆脆的会更好吃。

虾子
扒海参

[主材料]

水发海参 1000 克、虾子 50 克。

[调味料]

● 做法

① 水发海参斜刀切成厚片。

② 锅放底油烧热, 下入葱段、姜片爆香, 下海参, 加料酒、清汤、精盐、味精, 煨入味。起锅拣去葱段、姜片。

② 锅放底油, 下虾子, 烹姜汁酒, 加清汤、海参、精盐、蚝油、老抽、味精、胡椒粉勾芡, 加香油出锅。

小提示

海参适合与琼珍灵芝搭配食用, 具有增强人体免疫力, 辅助治疗糖尿病, 病后或术后修复的作用。

小提示

哈蜜瓜性凉，不宜吃得过多，以免引起腹泻。患有脚气病、黄疸、腹胀、便溏、寒性咳喘以及产后、病后的人不宜多食。

蜜瓜
咕噜虾球

[主材料]

鲜虾仁 100 克、哈密瓜 200 克

[调味料]

青椒 50 克，白糖 20 克、醋 15 克。

● 做法

① 虾仁去泥肠，裹面粉入油锅炸一下，哈密瓜和青椒切丁焯水。

② 糖和醋入锅勾芡，将虾仁和蔬果丁倒入翻炒，装盘即可。

潮式
卤水鹅

[主材料]

鹅 1 只

[调味料]

姜 2 片、盐 2 茶匙、酱油适量、色油少许、冰片糖少许、八角 6 块、五香粉适量。

● 做法

① 将鹅处理干净后不用开边，放入锅内。加入适量清水，放入姜片、适量盐，煮至八成熟（煮的过程中要把鹅多翻几次，可以避免粘底、熟得均匀），捞起沥干水分。

② 锅内热油，把八角爆出香味，加入酱油、色油、五香粉、冰片糖，待糖煮溶后收小火；把鹅整只放入锅内，用卤汁一边煮一边用汁均匀淋到鹅身上（卤汁多一点），煮 15 分钟，汁差不多收干了即可。

小提示

鹅肉鲜嫩松软，清香不腻，以卤制贡鹅和煨汤居多，其中鹅肉炖萝卜、鹅肉炖冬瓜等，都是"秋冬养阴"的良菜佳肴。

金菇
肥牛卷

[主材料]

肥牛片 250 克、金针菇 50 克，生菜 300 克

[调味料]

油盐、蚝油、糖各适量。

● 做法

① 金针菇洗净切对半；摊开肥牛片，将金针菇卷在里面；开油锅，慢火将肥牛卷煎透，起锅。

② 烧开水，把生菜灼熟；生菜垫底，肥牛卷在上码好；再开油锅，放蚝油和糖，用水稀释，烧开后浇在菜上面。

　　金针菇性寒，味咸，滑润。有利肝脏，益肠胃，增智，抗癌等功效。

卤汁
烧大排

[主材料]

肉排 6 块、大蒜 8 瓣、青葱 2 棵

[调味料]

生粉、盐、生抽、糖、胡椒粉、料酒、蒜汁、鸡粉各适量。

● 做法

① 葱切段肉排用厨房纸吸干水份，用刀背拍松，加入盐、糖、胡椒粉、料酒、蒜汁、生抽腌 20 分钟。

② 裹上生粉静置一会,炒锅放油烧 7 成热，把排骨炸成金黄捞出。

③ 油烧热，加蒜瓣、青葱炒香，加肉排少许生抽和糖、水，一起烧 5 分钟即可，控干油后装盘，上撒芫荽末。

　　肉质脆嫩爽口，香而不腻。

小提示

　　豆豉：和胃，除烦，解腥毒，去寒热。

豆豉凤爪

[主材料]

凤爪 200 克

[调味料]

葱、姜、蒜、豆豉、老抽各适量。

● 做法

① 凤爪去指甲，剁成两段；在开水中焯过，用厨房纸吸去水分备用。

② 锅内放入适量油，7 成热时放入凤爪进行油炸，油炸好的凤爪立刻放入冷水中（这个步骤主要是让凤爪表面的皮起皱）。

③ 在锅内放入适量油，加入葱姜蒜末，然后放入豆豉炒香；把凤爪放入，加少许老抽，拌匀备用，放入蒸锅，30 分钟，出炉。

咖哩鸡

[主材料]

鸡腿两只、土豆 3 个

[调味料]

洋葱片、蒜、辣椒适量，korma 咖哩酱一包、椰奶半杯、清水半杯。

● 做法

① 两大匙油烧热，放入土豆翻炒至呈金黄色后捞起备用。

② 加入洋葱片、蒜粒炒香，放辣椒、鸡腿，korma 咖哩酱拌炒，倒进椰奶、清水，上盖焖煮至汤汁转稠且将收干即可。

小提示

　　鸡肉对营养不良、畏寒怕冷、乏力疲劳、月经不调、贫血、虚弱等症有很好的食疗作用。

小提示

　　杏鲍菇能软化和保护血管，有降低人体中血脂和胆固醇的作用。

蚝汁
焖杏鲍菇

[主材料]

杏鲍菇 150 克

[调味料]

香葱、蒜瓣、姜、红椒各适量。

● 做法

① 先将杏鲍菇入开水锅焯一下，捞起，控干水，备用。

② 锅烧热，中火，倒油，依次放入葱白段、蒜末、姜丝、红椒煸出香味，倒入蚝油，略炒，倒入料酒、酱油，再烹入水，搅一搅，烧开。

③ 放入焯好的杏鲍菇，盖盖儿焖两分钟，调入适量的盐，一勺白糖，翻匀就可出锅了。出锅后再撒点香葱叶末。

土鱿
西兰花

[主材料]

干鱿鱼 100 克、西兰花 100 克

[调味料]

蒜蓉、姜蓉、红椒、生抽、蚝油、盐、白糖、玉米淀粉各适量。

● 做法

① 干鱿鱼、西兰花、姜、蒜、红椒，用冷水、食用碱隔夜泡发干鱿鱼，次日净水泡 2 小时。

② 鱿鱼去骨切成长方形块或是三角形，锅内烧开水，把土鱿放入内烫至卷起，放入盐、植物油、西兰花焯 1~2 分钟。

③ 锅内热油下蒜蓉、姜蓉爆香，放入鱿鱼花、生抽、盐、白糖、蚝油，适量水加玉米淀粉勾芡，倒入西兰花翻炒几下即可。

小提示

　　西兰花可能最显著的就是具有防癌抗癌的功效，菜花含维生素C较多，尤其是在防治胃癌、乳腺癌方面效果尤佳。

榨菜
炒肉丝

[主材料]

通肌 250 克、鱼泉榨菜 1 袋

[调味料]

姜丝、红椒丝、蒜蓉、盐、糖、鸡粉、料酒、生抽、猪板油各适量。

● 做法

① 通肌去筋切成丝，红椒切成与肉丝同等粗细，姜丝要略细，切好的肉丝放盐、味精、生粉、水腌制，炒锅烧热，下猪油，加入肉丝划熟，倒出。炒锅刷净后继续下猪油，放入蒜蓉、姜丝炝锅，倒入肉丝，洒料酒，迅速翻炒。

② 将清洗一遍后的鱼泉榨菜加入，辅以红椒丝，继续旺火翻炒。同时加入适量的盐、鸡粉、生抽（调料注意少放），加入少许的糖，用水淀粉勾芡出锅。

小提示

据科学化验，每500克榨菜里，含有锌、胡萝卜素、核黄素等多种维生素和微量元素。

红烧
狮子头

[主材料]

猪肉末 150 克、青菜芯 50 克、荸荠 50 克

[调味料]

全麦吐司一片，葱姜、鸡蛋、料酒、盐、酱油、白糖、芝麻油各适量。

● 做法

① 葱姜切末，鸡蛋打散，加入肉末中，放料酒、盐搅拌。荸荠去皮切碎，全麦吐司切碎，一起入肉末中搅拌均匀。

② 将肉揉成丸子轻轻拍打，使全部空气排出。炒锅油烧热，将肉丸中火煎成表面呈金黄色滤去多余的油，加酱油、白糖和清水，小火煮至入味，淋上芝麻油装盘，青菜芯洗净，另取一锅烧水或高汤，水开后加油和盐，入菜芯氽熟后围在狮子头边上即可。

小提示

色泽诱人，肉嫩味鲜，令人食欲倍增。

青蒜
辣炒北极虾

[主材料]

北极虾 200 克、蒜苗 10 根

[调味料]

蒜蓉辣椒酱、豆瓣酱、干红辣椒、酱油各适量。

● 做法

① 北极虾自然解冻后用清水冲洗后沥干备用。青蒜切成 3 毫米长的小粒。将蒜蓉辣椒酱和豆瓣酱混合。

② 锅烧热倒入油，待油 5 成热时，放入干红辣椒，放入两种酱炒出香味后，放入北极虾，调入酱油翻炒几下，最后倒入青蒜粒后马上关火，再翻炒均匀即可出锅。

小提示

北极虾只要放置在冰箱冷冻室即可较为长期地保存。已经解冻的北极虾需要尽快食用，不要重复冰冻。

青豆
牛肉末

[主材料]

绞碎牛肉 140 克，洋葱粒 60 克

[调味料]

冬菇、甘笋各 50 克、青豆 100 克，蚝油、蒜头各 20 克。

● 做法

① 将炒锅加油至旺火上，爆香蒜茸后，加牛肉末炒散铲出。

② 在留有油的锅中加入葱头、甘笋、青豆，炒熟，加入酱油、糖、料酒、蚝油拌匀，加入淀粉勾芡即可。

小提示

青豆具有健脾宽中，润燥消水的作用。

干炒 牛河

[主材料]

河粉 250 克、牛肉 50 克、芽菜 100 克

[调味料]

老抽、味精、生抽、糖各适量。

● 做法

① 先将腌好的牛肉下油锅，注意一定要将牛肉摊开平铺，煎好一面再翻过来煎另一面，接着放入芽菜炒到八成熟后，起锅待用。

② 然后放油烧热锅再放入河粉，并将调好的味汁搅匀淋在粉上，翻炒几下，再倒进炒好的牛肉芽菜，炒匀后即可出锅上碟。

小提示

干炒牛河色泽油润亮泽、牛肉滑嫩焦香、河粉爽滑筋道、盘中干爽无汁、入口鲜香味美、配料多样丰富。

红烧 大鲍翅

[主材料]

水发鲍翅 600 克

[调味料]

淡上汤、豆芽、酱油、绍酒、生粉、胡椒粉、火腿汁、生粉、葱条、猪油各适量。

● 做法

① 将鲍翅排在竹笪上并夹好。油烧热，放葱爆香，加绍酒、盐，把鲍翅煨过，取出滤干水。把鲍翅排放碗里，加绍酒、淡上汤、猪油、味精，蒸透后倒去原汁，将鲍翅上的水分吸干。

② 油烧热放豆芽、盐，炒至八成熟，加入绍酒、淡上汤、火腿汁、味精、胡椒粉、酱油，烧至欲滚时推入剩下的生粉水，拌匀即为金黄芡。将部分芡汁淋于蒸透的鲍翅上，与炒豆芽小碟同时食用。

小提示

调味时，加入适量绍酒能增鲜提味，又能增加热度，使菜肴的美味在瞬间的高热中得以完成。

小提示

　　白蘑是伞菌中最珍贵的品种，含有丰富的蛋白质、维生素及钾、钙、铁、磷等矿物质。

蚝油
蘑菇

[主材料]

白蘑菇 250 克

[调味料]

黄瓜半根、西红柿半个、蒜片、蚝油 30 克、白糖 3 克、老抽适量。

● 做法

① 白蘑菇、黄瓜去瓤，西红柿切块，净锅下水，白蘑菇汆水至熟捞出冲凉备用。

② 净锅下油加蒜片爆香，加白蘑菇翻炒均匀，下蚝油、白糖、老抽边炒边加少量油，起锅前加黄瓜块、西红柿块翻炒均匀即可。

凉瓜
排骨

[主材料]

猪肉排 280 克、葱 2 根、苦瓜 580 克

[调味料]

姜、蒜、豆鼓、盐、味精、酱油、糖、蚝油、胡椒粉各适量。

● 做法

① 猪肉排切成块，用太白粉拌匀，苦瓜切成丝，加盐、水抓匀，腌至 30 分钟后，放在清水中，洗去盐份；葱切成段，姜、蒜、豆鼓切碎。

② 将油加热，放姜、豆鼓、蒜同炒，再放排骨、苦瓜，用中火炒 4~5 分钟，加半杯水和盐、味精、酱油、糖、蚝油、胡椒粉拌炒，再用慢火焖煮 20 分钟左右，再用太白粉、水勾芡，放葱，即可盛盘。

小提示

　　苦瓜的新鲜汁液，含有苦瓜甙和类似胰岛素的物质，具有良好的降血糖作用，是糖尿病患者的理想食品。

小提示

鱼头具有营养高、口味好、富含人体必需的卵磷脂和不饱和脂肪酸。

粥水
鱼头豆腐

[**主材料**]

豆腐 150 克、大鱼头一个，粥水或稀粥适量

[**调味料**]

粉丝（水发）、姜片、姜丝、料酒、盐、鸡粉、胡椒粉各适量。

● **做法**

① 将豆腐去皮，用温水稍作"飞水"，切块。

② 开镬下油，下姜片爆香，放入大鱼头，慢火煎香至熟，开锅煮沸粥水，下豆腐、粉丝、姜丝、料酒和煎好的大鱼头，用盐、鸡粉、胡椒粉调味，煮开便可。食用时可配辣椒豉油当作蘸料。

萝卜糕

[**主材料**]

稻米 500 克、白萝卜 1000 克

[**调味料**]

腊肉 (生)100 克、腊肠 25 克、虾米 50 克，白砂糖、盐、味精适量。

● **做法**

① 将大米浸泡 1 小时洗净，磨成干浆，加清水拌成稀浆。萝卜洗净去皮，刨成丝，腊肉、腊肠切成粒，虾米洗净用油炒香；香菜、葱洗净切碎；萝卜丝煮熟，加入腊肉、白糖、精盐、胡椒粉、味精拌匀，滚沸倒入稀浆搅拌成糕坯。

② 取方盘一个，轻抹一层油，倒入糕坯，放入蒸笼旺火烧沸水锅，蒸 20 分钟；将腊肠、虾米撒在糕面上，蒸 10 分钟，再将香菜、葱撒入，食时再加热即可。

小提示

白萝卜属于冷性食物，容易胃寒的人切忌生食，最好煮熟或蒸熟后食用。

节瓜具有清热、清暑、解毒、利尿、消肿等功效。

虾米
节瓜粉丝煲

[主材料]

节瓜 150 克、龙口粉丝 100 克

[调味料]

虾米、葱、姜、广合腐乳各适量。

● 做法

① 砂煲烧热后到少许油,炝入葱姜、虾干,然后放入节瓜丝,加水至刚好没过节瓜即可。

② 加腐乳 3 ~ 4 块,搅碎溶解在汤中,大火加盖烧开后,转小火,节瓜易熟,不用煮太久,最后加入泡软的粉丝,加盐即可出锅。

③ 砂煲自身温度较高并且散热慢,放入粉丝后不易久煮,否则粉丝煮烂,并且吸收掉汤汁。

香煎
茄片

[主材料]

长茄子一个

[调味料]

海米粒、青红椒粒、青蒜段、葱末、姜末、蒜末、鸡蛋黄各适量。

● 做法

① 将长茄子去皮洗净,切成厚片再剞十字花刀,用盐腌入味,拍上干淀粉,蘸上蛋黄液。

② 坐锅点火放入油,油温 4 成热时,放入茄子片炸至金黄色时捞出。
锅内留余油,油热放入姜葱蒜,炒出香味时,倒入青红椒丁、海米粒、高汤、茄子片、盐、胡椒粉、生抽、白糖、鸡精,烧至茄子软透入味,用水淀粉勾芡,放入青蒜段炒匀出锅即可。

支气管炎、反复发作性过敏性皮炎的老年人、患有皮肤疥癣者忌食。

营养粤菜

糯米
红枣

[主材料]

糯米粉 50 克、红枣 26 个

[调味料]

鸡蛋黄 1 个，白糖适量。

● 做法

① 红枣洗干净晾干，剪开一边，取出枣核，糯米粉用温热水和白砂糖搅拌成粉团，粉团不用太硬，硬了口感不好。

② 把粉团填进切开口的红枣里，捏合待用；中火蒸 15 分钟。

③ 用生粉加水、白砂糖煮成芡汁；把一半的芡汁淋在蒸好的糯米枣上；剩下的一半芡汁加入蛋黄，煮开成蛋花，淋在糯米枣中间。

小 提 示

　　红枣，又名大枣。特点是维生素含量非常高，有"天然维生素丸"的美誉，具有滋阴补阳之功效。

炒蛤蜊

[主材料]

蛤蜊 400 克

[调味料]

姜末、葱末、蒜末、叶菜、盐各适量。

● 做法

① 用盐水将蛤蜊浸泡后，加入姜末、蒜末、葱末，搅拌均匀，入锅爆炒，加入叶菜至熟透即可。

小 提 示

　　蛤蜊具有高蛋白、高微量元素、高铁、高钙、少脂肪的营养特点。

炖的时候不要加盐，喝之前再加。

灵芝鸡汤

[主材料]

鸡 1 只

[调味料]

赤灵芝 30 克。

● 做法

① 鸡去皮洗净，陈皮浸软去果瓤。

② 锅中放适量的水，水滚后放入鸡，放入淮山 20 克、杞子 10 克、桂元肉 15 克、陈皮 1 ~ 4 个、去核红枣数粒、罗汉果 1 ~ 4 个，煲 1 小时 45 分钟，放入桂元肉煲十五分钟，即可。

罗汉斋

[主材料]

冬菇 20 克，菜花、小玉米笋、蘑菇 50 克

[调味料]

蚝油 1 汤匙，蒜茸、食油、荷兰豆、番茄 50 克。

● 做法

① 用 22 厘米炖锅，入微波电子炉用高热爆香蒜茸和食油 3 分钟（不加盖）。

② 加入冬菇和蚝油，用高火加热 1 ~ 2 分钟；拌入切好的菜花、番茄、小玉米笋和蘑菇，并加紧密的锅盖，用高火再加热 3 分钟。

③ 加入荷兰豆，加盖再用高火加热 2 分钟。

小提示

本菜色彩华丽，爽滑软烂，清香四溢，营养丰富。

小提示

　　颜色酱红油亮，汤汁黏稠鲜美，扣肉滑溜醇香，肥而不腻，食之软烂醇香。

梅菜扣肉

[主材料]

惠州梅菜一棵、五花肉200克

[调味料]

姜蓉、红葱头碎、生抽、蚝油、白糖、盐、味精、清水各适量。

● 做法

① 梅菜摘开一片片，先略浸泡，洗净挤干切碎，换干净水继续浸泡；五花肉洗净，煮至八成熟，沥干抹盐腌制半小时。

② 放油烧开，把腌好的肉放进去中火炸，皮在下肉在上，然后翻转过来，直至全部炸到金黄色，姜蓉、红葱头碎、生抽、老抽、蚝油、白糖、盐、味精、清水，拌匀浇上，进蒸锅蒸1.5~2小时。

冬瓜羹

[主材料]

冬瓜200克

[调味料]

黄瓜、白萝卜、猪肉，清鸡汤、生粉、盐、麻油、胡椒粉各适量。

● 做法

① 冬瓜去皮再刨碎，连汁放煲内，免冶猪肉拌入腌料腌10分钟。

② 清鸡汤、水及冬瓜碎煲滚，加黄瓜、白萝卜碎及免冶猪肉再煮滚，拌入生粉水成羹，加盐、麻油及胡椒粉调味即可。

小提示

　　冬瓜所含的丙醇二酸，能有效地抑制糖类转化为脂肪，加之冬瓜本身不含脂肪，热量不高，对于防止人体发胖具有重要意义。

小提示

香味浓郁，味美可口。

八宝窝鸡

[主材料]

光鸡 1 只

[调味料]

瘦肉、白莲子、鱿鱼、虾米、冬菇、栗子肉、火腿、猪油、味粉、苡米、精盐各适量。

● 做法

① 鸡洗净，挖去内脏，注意不要弄破鸡皮，将苡米洗净滚过两次，至熟为止。

② 冬菇、鱿鱼浸湿与火腿均切粒，莲子滚透去皮，栗子肉也要滚透，用味粉、精盐拌过，下油锅炒熟，酿入鸡肚内，用线缝好尾部裂口，装在钵中，上笼蒸约两小时即熟。食时拆去缝线切块，砌成原鸡形便成。

东江牛肉丸

[主材料]

鲜牛肉 200 克

[调味料]

精盐、味精、清水（100 克）、菱粉（30 克）。

● 做法

① 将鲜牛肉切薄片，用圆形小铁槌捶烂，用清水、精盐、菱粉拌匀，打成牛肉胶。

② 用手将牛肉胶搓成丸形，放进锅中，加清水，用文火浸熟（水清，丸浮水面为准）取起，焖、炒等咸宜。

小提示

菱粉可补脾胃，强脚膝，健力益气，行水，去暑，解毒。

荷包
鲤鱼

[主材料]

鲤鱼 1 条

[调味料]

肉粒、冬菇粒、笋粒、味精、精盐、湿菱粉、荷叶各适量。

● 做法

① 鲤鱼削洗干净，用刀开背，把中骨和腹骨去净把地鱼粒炒香，加入上肉粒、冬菇粒、笋粒、味精、精盐搅匀，然后把这些材料酿在鱼肚内，在背部涂抹少量湿菱粉。

② 起热油锅，把鱼炸至呈金黄色，用荷叶包好，投入锅内同焖至鱼熟为止，把鱼取出，解去荷叶不用将鱼上碟，另把原汁加入味精，下湿菱粉勾茨淋在鱼上即成。

小提示

中国不少古籍中记载香菇"益气不饥，治风破血和益胃助食"。民间用来助减少痘疮、麻疹的诱发，治头痛、头晕。

荷叶
双鸽

[主材料]

光双鸽 2 只

[调味料]

鲜荷叶，精盐、味粉、菱粉、葱、水发冬菇、油各适量。

● 做法

① 将荷叶用开水泡软，白鸽洗净斩件，用精盐、味粉、菱粉、油与白鸽肉拌匀。

② 荷叶抹干水后，把白鸽肉放在荷叶上，葱切段与冬菇放在白鸽上，包成四方形，用咸草扎紧，装在盘上，上笼用武火蒸约二十分钟，以熟为度。食时解开咸草。

小提示

叶味苦辛微涩、性凉性味寒凉，伤脾胃，务必加少许寒必温缓和寒凉之性。

小提示

肉有温胃健脾及补血催乳作用。

麻辣
手撕鸡

[主材料]

光鸡 1 只

[调味料]

白糖、精盐、味粉、麻酱、芥辣酱、猪油、葱、辣椒各适量。

● 做法

① 将光鸡洗净，去内脏，装在盆里上笼蒸熟，取出后切去头、脚、翼，鸡肉切片。

② 葱头拍烂，与白糖、精盐、味粉、麻酱、辣椒过油烧汁。鸡骨斩件装盘，鸡肉放在上，加原汁搅匀后，再和芥辣酱拌匀（芥辣酱不能先下，因先下遇糖味不香辣）。

牛肉汤
河粉

[主材料]

牛肉 50 克、河粉 150 克

[调味料]

银芽（豆芽），葱、姜、蒜、盐、味精各适量。

● 做法

① 把河粉发松。牛肉洗净抹干水切丝，加腌料拌匀。银芽洗净，沥干水；下油二汤匙，放下肉丝炒熟，盛入罩篱去水分。

② 下油三汤匙，放下银芽炒两下，加入河粉炒匀，下鸭蛋炒熟，加入盐、味精炒匀，最后加入韭菜、肉丝炒匀上碟即可。

小提示

河粉是富含碳水化合物，构成机体的重要物质；储存和提供热能；维持大脑功能必须的能源；调节脂肪代谢；提供膳食纤维。

小提示

色泽酱红, 口味香浓、荤素合理、色相味俱全。

怪味傻鳝

[主材料]

鳝鱼 1 条

[调味料]

辣椒、盐各适量。

● **做法**

① 黄鳝作为主料, 先将黄鳝切开洗净, 用沸水拖过, 再用毛巾吸去水分, 然后用六成油温(约 180℃)将黄鳝浸炸至熟, 捞起去油。

② 烧红铁镬, 投入切成丝的尖嘴辣椒和精盐炒热, 加入炸好的黄鳝, 不停地翻炒, 至黄鳝入味时即可起镬, 原条上席。吃时, 一手持鳝条, 一手将鳝条撕成鳝丝, 边撕边吃, 微辣甘香。

三鲜骨髓

[主材料]

新鲜骨髓 150 克

[调味料]

鹌鹑蛋、冬菇、鱿鱼、西兰花、姜、蒜肉、绍酒、生抽、糖、油、盐、糖各适量。

● **做法**

① 骨髓洗净切段, 蒜肉切片, 鹌鹑蛋隔水蒸熟, 去壳, 加入绍酒拌匀, 放入滚油中炸至金黄色盛起。

② 冬菇浸透去蒂, 加入调味料拌匀, 蒸十五分钟取出切片, 鱿鱼洗净, 放入姜、葱水中煮二十分钟。

③ 西兰花, 以油镬炒熟, 爆香姜片及蒜片, 放鸭掌、骨髓、绍酒、鹌鹑蛋、菜心及冬菇, 下芡汁料兜匀上碟即成。

小提示

鹌鹑蛋对有贫血、月经不调的女性, 其调补、养颜、美肤功用显。

开煲
狗肉

[主材料]

狗肉200克

[调味料]

麻酱、辣酱、腐乳、糖、油、味精各适量。

● 做法

1. 先将毛狗宰净,烧禾草去毛,刮净开膛,斩件滤去水分,同时将心、肝、肺、肚洗净切件,用热水滚去血污滤干,并将肠洗净后用枧水腌约2小时,再用清水漂去枧水味,取起切段。

2. 然后一起倒入烧红的镬中干炒至收干水分捞起,再盛以瓦煲上席,配以麻酱、辣酱、腐乳、糖、油、味精等调料和生姜、青菜等,任由客人自烹,边煲边吃。

小提示

由于芝麻酱热量、脂肪含量较高,因此不宜多吃一天食用10克左右即可。

田七
猪心汤

[主材料]

猪心一个

[调味料]

田七 10 ～ 15 克

● 做法

1. 田七杵碎,猪心切片,加水适量,隔水炖至肉烂,入盐适量。

小提示

此汤具有活血安神的功效。

小提示

豆腐是最佳的低胰岛素的氨茎的特种食品。

五华
酿豆腐

[主材料]

豆腐 200 克

[调味料]

香菇、鱿鱼、虾仁、猪肉各适量。

● 做法

① 将剁成碎粒的香菇、鱿鱼、虾仁、猪肉等，拌少量味精、白盐、淀粉，一齐塞入鲜嫩的豆腐块中间，或蒸或焖，或煲或炸或煮，熟后即可食用。

盐锔鸡

[主材料]

整鸡 1 只

[调味料]

淀粉、盐、酒、姜片、葱节、花椒、辣椒、酱油、豆酱各适量。

● 做法

① 宰杀后不切块，除去内脏后晾干，然后用抹涂少许食油的草纸将整只鸡严实包好，埋进炒过的热盐堆中，用文火锔着半小时左右即可，取出后将其拆撕成丝肉片，入盘上席。

小提示

此盐焗鸡含有大量钙、镁等微量元素。因此，盐焗鸡不但是一美味，而且十分健康，对人体大有好处。

湿热痰滞内蕴者慎服;肥胖、血脂较高者不宜多食。

中式
五花肉

[主材料]

五花牛肉片 200 克

[调味料]

酱油、酒、砂糖、麻油、姜汁、葱、姜、胡椒、沙拉油各适量。

● 做法

① 在牛肉与脂肪的接缝切 3、4 个切口,以防煎过后收缩,姜和葱切末,将酱油、酒、麻油混和均匀,牛肉放入煎 10 分钟。

② 加两大匙沙拉油在锅中加热,以中火将姜葱爆香。锅中再加 1 大匙油,以中火将牛肉炒过,接着再用大火将佐料酱倒入拌炒,接着撒一些胡椒。
将肉和炒好的蔬菜盛入盘中,最后再淋上剩下的肉汁。

豆腐
炒韭菜

[主材料]

豆腐 200 克

[调味料]

韭菜、料酒、酱油、盐、胡椒各适量。

● 做法

① 豆腐剥成大块,韭菜切条,豆腐以中火略炒,在平底锅中倒入芝麻油,放豆腐略微炒至变色后,撒上盐、胡椒,加入韭菜拌炒。

豆腐韭菜一白一绿,顺色顺味,鲜嫩爽口。

　　孕妇不宜多吃。

辣炒猪肉
豆腐

[主材料]

豆腐 150 克、猪肉 100 克

[调味料]

木耳、葱、大蒜、豆瓣酱、色拉油、酒、淀粉、酱油、酱汁、砂糖各适量。

● 做法

① 豆腐洗净切块；木耳泡开挤干水分去蒂；猪肉切丁，葱和大蒜切成碎末。在倒入酱油、酱汁、砂糖和水拌匀。

② 用中火煎煮豆腐，拌炒猪肉、木耳，再加入豆瓣酱，洒上酒拌匀，加入综合调味料完成料理。加入综合调味料煮沸后，转稍弱的中火，慢煮 5 ~ 6 分钟。加入豆腐和葱煮熟后，拌入淀粉水。勾芡后盛盘，撒上细葱。

宫保
鱿鱼卷

[主材料]

鱿鱼 150 克

[调味料]

干红辣椒、姜茸、花椒粒、蒜茸、酱油、料酒、糖、镇江醋、生粉、香油各适量。

● 做法

① 将鱿鱼洗净切条，干辣椒用湿布擦净后，切成段，将椒籽取出，炒锅中烧热油 3 杯，用大火将鱿鱼炸泡一下，见鱿鱼已卷成筒状后，随即捞出滤干油渍。

② 另在炒菜锅内，烧热 3 汤匙油，先放下干辣椒段，然后加进姜茸、蒜茸、花椒及调味料，用大火炒至粘稠后，倒入鱿鱼卷迅速拌炒，并淋下热油 1 汤匙即可。

　　高血脂、高胆固醇血症、动脉硬化等心血管病及肝病患者就应慎食。鱿鱼性质寒凉，脾胃虚寒的人也应少吃。

小提示

　　婴幼儿、老年人、病后消化力弱者忌食糯米糕饼；糖尿病患者少食或不食。

糯米
芝麻球

[主材料]

糯米粉 150 克

[调味料]

水、腊肠、冬菇、虾米，糖、酱油、长糯米、芝麻各适量。

● 做法

① 糯米粉加水一起揉成糯米团，再加入熟澄面、猪油搅拌均匀，放入冰箱冷藏 12 小时，取出揉成长条状。

② 长糯米洗净，浸泡 5 小时沥干，蒸 1 小时，腊肠、冬菇切末，入锅与虾米爆香，加入糖、盐、酱油、长糯米拌匀，冷藏 8 小时切丁。

③ 把之前揉好的面擀成皮，包入切好的馅揉成圆形，外面裹芝麻，放入 180℃的油中炸至浮起，转中火至表面金黄即成。

韭黄
炸春卷

[主材料]

春卷皮 150 克、猪后腿肉丁 100 克

[调味料]

虾仁、笋丝、韭黄末、冬菇丁、肥肉 各适量。

● 做法

① 笋丝用水煮过，去掉酸涩味后，冲冷水，再用干净的棉布将水份吸干，切细丁备用。虾仁洗净后加入猪后腿肉丁、淀粉、盐，用手拌打至有粘性，再加入调味料搅拌均匀即成馅料，将面粉均匀混合成面糊。

② 每张春卷皮包入少量馅料卷成春卷形状，然后用面糊封口，用高温油炸至金黄色即可。

小提示

　　香菇的水提取物对过氧化氢有清除作用，对体内的过氧化氢有一定的消除作用。

香菇的水提取物对过氧化氢有清除作用，对体内的过氧化氢有一定的消除作用。

猴菇
花枝饺

[主材料]

猴头菇 100 克

[调味料]

花枝浆、香菜，胡椒粉、麻油各适量。

● 做法

① 猴头菇洗净后切片，放入滚水中余烫，捞起沥干水份。

② 花枝浆、猴头菇、香菜末及胡椒粉、盐、麻油一起搅拌均匀，即成馅料。

③ 包入 40 公克的馅料，对折成半圆形后，再用手捏出花边并压紧，依序完成，再用大火蒸 10 分钟即可。

红油
鸭舌

[主材料]

鸭舌 150 克

[调味料]

红油适量。

● 做法

① 将鸭舌用沸水余烫后，洗净备用。

② 将红油卤汁煮滚后，放入鸭舌，大火烧滚后，改小火卤约 40 分钟，熄火待凉，再盛入盘中即可。

卤制鸭舌时要用中火，炒的时候要用旺火，且动作要迅速，使鸭舌受热均匀。

外层嫩滑，蛋香浓郁，用汤勺舀着吃，微酸回香，软绵鲜嫩。

XO酱
芙蓉蛋

[主材料]

蛋清 2 个、XO 酱少许

[调味料]

10 克牛油

● 做法

① 用少许油煎溶 10 克牛油。

② 加入蛋清，用小火煎熟，尽量避免蛋清扩散到大范围，不停的用铲子把蛋清往中间推，煎至蛋清成型即可。

③ 加入一勺 XO 酱，拌上鲜嫩的芙蓉蛋，即可。

白灼
象拔蚌

[主材料]

象拔蚌 1 只

[调味料]

豉油适量。

● 做法

① 取象拔蚌 1 只，去壳取肉，批成片。

② 锅内放半锅水，水煮沸时，投入切好的蚌肉片，立即捞出装盘，用豉油拌匀即可。

肉嫩而有弹性。

小提示

菠菜茎叶柔软滑嫩、味美色鲜，含有丰富维生素 C、胡萝卜素、蛋白质，以及铁、钙、磷等矿物质。

菠菜
鸡煲

[主材料]

鸡 1 只

[调味料]

冬菇仔、菠菜，干葱、姜、蚝油、生抽、糖、生粉、油、盐各适量。

● **做法**

❶ 菠菜洗净，切短段放在煲仔内。干葱撕去红衣，洗净滴干水。冬菇净软去脚，抹干水。鸡洗净抹干水，斩块，加盐、生抽、生粉腌十分钟。

❷ 下油二汤匙，爆香干葱、姜，加入鸡、冬菇及蚝油再爆片刻，下料酒，下调味及甘笋，不停炒动，煮至鸡熟，铲起放在菠菜上，煲滚即可。

潮汕
蚝烙

[主材料]

鲜蚝 250 克、鸭蛋 3 个

[调味料]

葱头 20 克、雪粉 75 克、熟猪油 150 克、味精 1 克、鱼露 5 克、辣椒酱 5 克。

● **做法**

❶ 鲜蚝仔用清水漂洗干净，用雪粉水调匀，并将葱头切成细粒放入，同时加入味精、鱼露搅匀待用。

❷ 旺火烧热平鼎有足够热度后，加入猪油，将蚝仔、粉水混和成浆状，把鸭蛋打散淋在上面，加入猪油煎，放入辣椒酱，用铁勺在鼎里把蚝烙分块翻转，加入猪油，煎至上下酥脆，呈金黄色，拌上芫荽叶即成。

小提示

吃时用生抽和胡椒粉拌匀成沾酱。

辣椒含有辣椒素，它能刺激口腔、消化道黏膜，促进唾液，胃液分泌，加强肠胃蠕动，增加消化酶的活性。

炒蛏子

[主材料]

蛏子 500 克

[调味料]

大蒜、姜片、干辣椒、胡椒、盐各适量。

● 做法

1. 提前将蛏子用淡盐水浸泡 2 小时（饲养的蛏子 2 小时可吐尽沙，野生的据说要 2 天），吐尽沙，捞出沥干。

2. 炒锅烧热，倒入油，放入蒜末、姜片炒香，倒入蛏子翻炒，加入干辣椒同炒，翻炒至蛏子壳开，用盐和胡椒调味即可。

菠萝鸡丁

[主材料]

鸡腿肉 200 克，菠萝 50 克

[调味料]

葱段、姜片、黄瓜、酱油、料酒、湿淀粉、糖各适量。

● 做法

1. 鸡腿肉拍松，切丁后用糖、酱油、料酒、湿淀粉腌。

2. 将鸡肉过油捞出，留底油，炒葱姜，放入菠萝块、黄瓜，后将鸡丁倒入翻炒，淋上糖、酱油、料酒兑成的汁。

盐能抑制菠萝酶的活动，避免菠萝酶对口腔和嘴唇的刺激，使菠萝更加香甜。

番茄
海蜇

[主材料]

海蜇 200 克、番茄 1 个

[调味料]

姜末、糖、黄酒、葱末、酱油各适量。

● 做法

❶ 烧热菜锅放素油，将经过浸泡、充分洗漂干净、切成片状的海蜇倒入锅内后，加少许姜末、糖、黄酒、葱末和适量酱油调味、除腥。

❷ 而后，添加已洗净切成片状的番茄，旺火快炒 3 ～ 4 秒，再加湿淀粉少量，拌炒均匀。待汁稠浓时，即可食用。

小提示

具有降血压、扩张血管的功效。

翡翠
豆腐

[主材料]

鲜豆腐 300 克，翡翠汁 200 克

[调味料]

虾仁、马蹄、芹菜各 15 克，瑶柱 10 克。

● 做法

❶ 豆腐放盐水上笼蒸透，取出放冷后浸泡在顶汤中，打成薄片，用玻璃纸铺底。瑶柱先用黄酒浸泡 4 小时去腥味，然后上笼蒸 25 分钟，吸干水，入低油温炸至浮起，起锅滤油。

❷ 将虾仁、马蹄、芹菜剁碎，放盐、味精、鸡粉、料酒、胡椒粉制成馅料，放入豆腐片中间对折，用生粉粘起成菱角形，摆盘，淋一点老鸡汤，上蒸箱蒸 10 分钟取出，浇上翡翠汁，勾芡，撒瑶柱米。

小提示

豆腐消化慢，小儿消化不良者不宜多食。

小提示

这道菜最大的特点就是简单、清淡。

蚝油
白菜卷

[主材料]

白菜叶 150 克

[调味料]

虾仁、绞肉、香菇、鲜笋，盐、糖、鲜鸡粉、胡椒粉、太白粉、麻油各适量。

● 做法

❶ 白菜叶去除茎部，用热水氽烫后，泡冷水，虾仁洗净去除肠泥，加入绞肉、太白粉、盐，用手拌打至有黏性，再加盐、糖、鲜鸡粉、胡椒粉、麻油、肥肉丁、香菇丁、笋丁拌匀为馅料。把馅料冰冻20 分钟，将蚝油加入盐、糖、鲜鸡粉，用小火煮滚，加太白粉水勾芡。

❷ 白菜叶铺平，把馅料放在白菜叶上，卷起成条状，大火蒸 10 分钟，淋上蚝油芡汁即可。

蚝油
牛肉

[主材料]

牛肉片 200 克

[调味料]

味精、酱油、胡椒粉、湿淀粉，葱、蒜、姜、绍酒各适量。

● 做法

❶ 把蚝油、味精、酱油、麻油、胡椒粉、湿淀粉、二汤调成芡汁。

❷ 用旺火烧热锅，下油，烧至四成热，下牛肉片过至九成熟，倒入笊篱沥去油，将炒锅放回火上，下蒜、葱、姜爆至有香味，放入牛肉片，烹绍酒，用芡汁勾芡，淋油 10 克炒匀，迅速盛出即成。

小提示

牛肉过油时，油温不宜过高。如果是通脊牛肉片，八成熟即可倒出。

小提示

吃甲鱼一定要宰食活的，不能吃死的。

红烧甲鱼

[主材料]

甲鱼、猪里脊肉 200 克

[调味料]

西兰花 50 克。

● 做法

① 甲鱼砍去头，控出血，放沸水锅里烫一下，退去壳膜，西兰花洗净切块；锅置旺火上，烧七成热时倒入甲鱼、西兰花，过油至六成熟，用漏勺沥干油。

② 锅留余油，用姜片煸一下，倒入过油的甲鱼、猪肉、西兰花、葱结，再加上汤500毫升、酱油、料酒、冰糖，收小火慢慢煨到甲鱼熟烂；煨烂的甲鱼，拣去葱结、姜片、里脊肉，锅中余汁用湿淀粉勾芡，浇在甲鱼身上即成。

酒酿鸽蛋

[主材料]

鸽蛋 12 只、白糖 175 克、酒酿 50 克

[调味料]

玫瑰花 5 瓣、糖桂花、青梅半颗。

● 做法

① 炒锅置中火上，加水 1000 克，烧沸后离火，取小碗 1 个，将鸽蛋磕在碗中，下入锅，按此法将鸽蛋逐个磕入下锅，然后将锅移中火上，稍待一会，用手勺轻轻推动，水沸后离火，余至鸽蛋外层呈玉白色时，撇去浮沫。

② 另取锅置水上加水、白糖烧沸，撇去泡沫，放入酒酿搅散，出锅盛入荷叶碗内，再捞入鸽蛋，撒上糖桂花、青梅及玫瑰花瓣即可。

小提示

软嫩醇香、鲜咸味美、回味悠长。

小提示

虾用新鲜和冰冻的皆可，但一定要生的。

荔枝
虾球

[主材料]

虾仁 50 克、鸡蛋 2 个

[调味料]

胡萝卜半根，姜末 1 克、白糖 85 克、肉清汤 100 克、蕃茄酱 50 克、绍酒 10 克。

● 做法

① 把鲜荔枝去皮和核，红萝卜切成小块待用；大虾肉在背上切一刀，深三分之二，然后加盐、味精、淀粉腌 20 分钟。

② 油锅烧至四成热，将虾球滑熟，锅中留底油少许，放入蒜茸，然后把荔枝、红萝卜块、虾球倒入锅中，烹少许上汤，加盐、味精、糖，用一点水淀粉打芡，盛入盘中即可。

木樨
鲜虾饼

[主材料]

河虾 150 克

[调味料]

马蹄、肥猪肉、鸡蛋，葱、姜、盐、鸡精、料酒、水淀粉各适量。

● 做法

① 河虾肉取出，马蹄拍碎切成末，葱姜用水泡片刻，肥猪肉和虾肉一起剁成末放入器皿中，加入蛋清、马蹄末、葱姜水、盐、料酒、鸡精、水淀粉搅拌均匀上劲。

② 坐锅点火倒入适量油，小火烧至油稍热，将打好的馅做成丸子逐个放入锅中，用小勺的背部将丸子压成饼状，小火保持颜色不变熟后取出，锅内留少许油，放入料酒、葱姜水和虾饼，加入盐、鸡精烧一分钟即可出锅。

小提示

脆嫩爽口，色泽白净。

柠檬味酸甘、性平，入肝、胃经；有化
痰止咳、生津、健脾的功效。

柠汁 炸软鸡

[主材料]

鸡肉 200 克

[调味料]

柠檬、柠檬皮茸、、栗粉，盐、味精、白糖、
吉士粉各适量。

● 做法

① 将柠檬榨汁约 1/4 杯、皮磨茸约 1 茶匙
备用，鸡肉洗净片薄成大块，放入腌料
拌匀；鸡件加入栗粉，最后放下柠檬皮
茸，拌匀。

② 将鸡肉放入热油中，炸熟至表面呈金黄
色捞起，柠汁混合调味料用慢火煮沸，
再用吉士粉水打芡淋上面即成。

茄汁 基围虾

[主材料]

虾 200 克

[调味料]

葱、姜、蒜、洋葱、青椒、高汤、酱油、
番茄酱、香菜各适量。

● 做法

① 将洗净的虾沥干水，入高温油锅过油，
时间不宜过长，油锅留少许底油，加入
葱姜蒜爆锅，加入洋葱、青椒大火翻炒
几下，加入沥干油的虾，放少量高汤提
鲜，加入少量酱油。

② 放入番茄酱翻炒加入香菜末等装盘即
可。

宿疾者、正值上火之时不宜食虾。

小提示

　　椰子是棕榈科植物，是椰树的果实。芋头是天南星科植物多年生草本芋的地下块茎，鸡腿肉肉质细嫩，滋味鲜美。

椰汁芋头鸡

[主材料]

鸡腿 2 只、芋头 1 个、椰浆 1 罐

[调味料]

水适量、盐。

● 做法

① 将芋头切块，鸡腿切块，用开水焯烫备用。

② 将芋头、鸡块及椰浆加上约 2 罐的水一起煮开后，再改小火焖煮约 20 分钟，食用前加少许盐调味即可。

蒸麒麟鱼

[主材料]

鲈鱼 1 条、湿香菇 30 克、白肉 50 克

[调味料]

火腿 25 克，鸡蛋清、味精、精盐、绍酒、胡椒粉、芝麻油各适量。

● 做法

① 将鲈鱼起肉去皮，鱼头开两片，鱼尾留用，白肉、火腿、香菇各切成薄片，加入鸡蛋清、绍酒、精盐、味精、胡椒粉腌渍几分钟。

② 将鱼盘的盘底抹上薄猪油，然后将火腿、香菇、白肉夹在鱼片中间，逐件摆进盘里，然后摆入头尾，放进蒸笼用旺火蒸约 10 分钟取出。把原汁下鼎，加上汤、精盐、味精，用淀粉水打芡，淋入芝麻油、猪油即成。

小提示

　　鲜美，嫩滑，有弹性。

 小提示

咸蛋黄富含卵磷脂与不饱和脂肪酸，氨基酸等人体生命重要的营养元素。

子孙满堂

[主材料]

咸蛋黄4个

[调味料]

绞肉、瓜子仁、虾仁、生菜、精盐、胡椒粉、蛋白、味精、淀粉各适量。

● **做法**

① 咸蛋黄隔水蒸熟，每个蛋黄切成4小块待用。

② 虾仁剁成虾泥加入绞肉及精盐、胡椒粉、蛋白、味精、淀粉、水仔细拌匀，然后挤成小丸子，中间镶入小块蛋黄，然后沾水搓圆滚上瓜子仁待用，温油投入沾满瓜子仁的丸子用小火炸，炸至呈金黄色即可。

沙茶牛肉

[主材料]

牛肉750克、生菜1000克

[调味料]

盐、沙茶酱、白砂糖、味精、辣椒油、芝麻酱、猪油各适量。

● **做法**

① 将牛后腿肉洗净去筋，按肉纹横切薄片，盛于盘中;生菜洗干净，分成两盘。

② 将沙茶酱、熟猪油、香油、辣椒油、白糖粉拌匀成酱料，分盛两碗，把其中一碟以二汤50毫升和匀，也分成两碗。餐桌上置一碳炉，放上砂锅，下二汤、精盐、味精和酱料一碗，上盖，烧制;待汤沸后，将牛肉片和生菜分批放入，边涮边食，食时蘸酱为佐，也可放入鸡蛋提鲜。

 小提示

具有贫血调理、冬季养生调理、营养不良调理、补虚养身调理的功效。

上汤虾丸

[主材料]

鲜虾 275 克

[调味料]

味精 40 克、邓面粉 40 克。

● 做法

① 将虾去头去尾去壳，用盐洗净，放在干净的白布上包起，挤去水分。再用干净的纸铺在台上，将虾肉放入，把未干的水分再挤一下，加入味精、盐、邓面粉，搓揉到松软，放入冰箱，冰冻一小时取出（不冻不脆）。

② 将虾肉制成圆子，放入烧滚的清水里煮（煮时水不能滚起泡否则太老），煮到虾圆浮起时，即捞起，放入盛鲜汤的碗内即好。

小提示

　　虾含有丰富的蛋白质，营养价值很高，其肉质和鱼一样松软，易消化，但又无腥味和骨刺。

石榴鸡

[主材料]

鸡胸肉 200 克

[调味料]

虾仁、鸡皮、猪肥肉、熟冬笋、芹菜梗、火腿末、蟹黄、冬菇、鸡蛋清、精盐各适量。

● 做法

① 将鸡皮开成片，每片呈圆形。将鸡蛋清、干淀粉、精盐调配成糊，涂在鸡皮内侧。

② 将鸡胸肉和虾、冬笋、冬菇、猪肥肉分别剁成小粒，混合拌匀，再加上胡椒粉、味精、精盐 10 克、芝麻油、蛋清、湿淀粉 20 克拌匀成馅，待用。每份用鸡皮一片做皮，包成石榴形，以芹菜梗扎口，用蟹黄点缀其上，盛在盘中，入蒸笼蒸 8 分钟，取出，用鸡的原汁加湿淀粉调成白汁芡，淋上即成。

小提示

　　火大气足，蒸8分钟即可，久蒸成形不佳，鲜味走失。

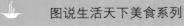

小提示

此菜鱼蛋软嫩滑爽味鲜赛蟹肉，不是螃蟹，胜似蟹味，故名"赛螃蟹"。

赛螃蟹

[主材料]

黄花鱼肉 300 克、鸡蛋 4 只、芫茜 1 棵

[调味料]

盐、味粉、糖、绍酒、上汤各适量。

● 做法

① 将鱼肉去骨去皮切成丁，用 2 茶匙酒、1 茶匙生粉略腌，鸡蛋打散。

② 用约 4 汤匙油烧热后，将鱼丁放下略炒。将蛋倒入，到半熟时，加入上汤及调味料，煮沸即打芡，加入鲜鸡蛋 1 只在面上，淋上熟油，撒上芫茜末即可趁热供食。

咸蛋黄
茶树菇

[主材料]

茶树菇 150 克、咸蛋黄 4 个

[调味料]

鸡蛋、盐、白糖、淀粉各适量。

● 做法

① 将茶树菇洗净放入开水中加盐煮 3 ~ 5 分钟，取出沥干水分，放入器皿中，加鸡蛋搅拌均匀，再撒上淀粉拌匀。

② 坐锅点火倒入油，待油热后放入拌好的茶树菇炸至金黄色捞出控油，锅中留少许底油，放入咸蛋黄加盐、白糖炒散，倒入炸好的茶树菇炒匀出锅即可。

小提示

茶树菇与酒同食会容易中毒，与鹌鹑同食会降低营养价值。

鲜虾 琼山豆腐

[主材料]

鸡蛋 4 个、虾仁 50 克

[调味料]

上汤、味精、精盐、干淀粉、小苏打、芝麻油各适量。

● 做法

① 将鸡蛋磕开取蛋清放于碗中，加上汤、味精、精盐拌匀，放在钵中，用慢火蒸至仅熟取出，即为"豆腐"。

② 油烧至五成热，加入腌虾仁（将虾仁放入有蛋清、味精、精盐、干淀粉、小苏打搅拌成的蛋清糊中，搅拌均匀置冰箱中腌 2 小时），泡油至熟，倒入漏勺中沥去油。炒锅再置火上，加入上汤、虾仁略焖，再调入味精、芝麻油、湿淀粉勾芡，平铺在"豆腐"上即成。

小提示

"豆腐"洁白细嫩，"四宝"色泽悦目，质爽香浓，鲜美可口，营养丰富。

熏烤 河鳗

[主材料]

鳗鱼 1 条

[调味料]

肉末、植物油、葱、姜、蒜、豆瓣酱、料酒、白糖、胡椒粉、精盐、味精各适量。

● 做法

① 用酱油、料酒、白糖、胡椒粉、味精、葱米、姜米调成汁，抹满鳗鱼全身，腌渍 30 分钟；将剔出的鳗鱼骨切成段、洗净，与上汤 100 毫升、酱油、白糖、香油一并下锅煮 10 分钟去骨留汁待用；

② 将腌渍过的鳗鱼入烤箱（温度 70℃）烤 5 分钟取出，将鳗鱼抹上骨汁翻面再烤 5 分钟，再抹骨汁再翻面烤，如是反复三次；待鳗鱼烤熟，取出切段装盘，点缀上香菜即成。

小提示

鳗鱼富含多种营养成分，具有补虚养血、祛湿、抗痨等功效。

冬菇
蒸滑鸡

[主材料]

土鸡 200 克、冬菇 10 克、红椒 1 只

[调味料]

姜、葱、花生油、盐、味精、白糖、蚝油、生粉、麻油各适量。

● 做法

① 冬菇、红椒、姜切片，土鸡切块，葱切段。

② 鸡块、冬菇、姜片、红椒、葱段加入盐、味精、白糖、蚝油、生粉、麻油拌匀待用。

③ 蒸锅烧开水，放入原料，用旺火蒸 10 分钟拿出，油烧开淋入鸡上即成。

⊠ 温馨·小提示

　　蘑菇的子实体内含有丰富的营养物质，其中蛋白质的含量大多在30%以上，比一般蔬菜、水果的含量要高。

红烧黄花鱼

[主材料]

黄花鱼 1 条 450 克

[调味料]

京葱白、姜、蒜末各 1 茶匙。

● 做法

① 平底锅内热油，放入姜片炸至金黄色捞出；将黄鱼放入用小火煎，煎好一面后再翻面煎至表面金黄色，煎好的黄鱼盛出备用。

② 另起油锅，放入两大匙油，冷油放入姜 蒜末，京葱白段爆香；将酒料、生抽、蚝油、砂糖、水（高汤）混合均匀成汁料备用。

③ 将鱼放入爆香的油锅内，倒入调好的汁料，中火煮开后，转小火煮至汤汁浓稠即可。

❀ 温馨·小提示 ❀

　　黄花鱼含丰富的蛋白质和维生素，体质虚弱者应多食。

水蛇粥

[主材料]

大条水蛇

[调味料]

陈皮、红枣、姜、大米各适量。

● 做法

① 在购买水蛇的时候，市场的人会帮你杀蛇，记得要剪头，留蛇皮和蛇身。回家清洗后分别切段，陈皮、红枣、姜分别切丝。

② 煲好一锅靓白粥，把所有材料放入粥里，加少许香油。煲20到25分钟左右即可。

▨ 温馨·小提示

煲粥的水蛇个头一定要够大，最好在半斤以上。食用时，特别在秋天，加入白菊花会更清香。

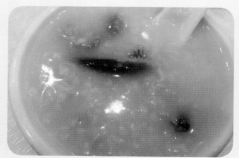

金牌
蒜香骨

[主材料]

猪肋骨 200 克

[调味料]

海鲜酱、沙茶酱、老抽、生抽、蚝油、味精、白糖、干辣椒、蒜茸各适量。

● 做法

① 猪肋排改刀成 12 厘米的长段，用清水漂去血水，用调料腌制 2 小时（海鲜酱、沙茶酱、老抽、生抽、蚝油、味精、白糖）以上。

② 油烧到二成热，把排骨放入锅中，油温由低至高慢慢炸制，至肋排成熟、外皮结壳取出沥干油，再在锅中放入蒜茸、干辣椒炒出香味，再放入肋排稍炒，加上调料，装盆即可。

✂ 温馨·小提示 🧂

　　此菜色泽金红、肉质滑嫩、口味丰富、蒜香浓郁。

姜丝
蒸鱿鱼

[主材料]

鱿鱼 300 克

[调味料]

姜丝 1 ~ 2 大匙、盐、料酒 2 匙。

● 做法

❶ 鱿鱼冲洗一下，擦干水分，排入盘中，薄薄的撒下一点盐，滴下料酒，再撒下姜丝。

❷ 蒸锅或电锅中水滚后，放入做法 1 的材料，蒸约 8 分钟便可取出。

❖ 温馨·小提示

有些人喜欢将鱿鱼的头抽出，洗净内脏后再蒸，也有人认为保留内脏滋味较甜，可随个人喜好。 也可以蒸时不加盐，蒸好后用五味酱或甜辣酱蘸食。

北芪
瘦肉

[主材料]

猪腰 650 克

[调味料]

北芪 6 克、天麻 2 克。

● 做法

① 猪肉切成厚圆片，用腌料腌制 30
分钟，将猪肉片放入一深盘中，再
撒上北芪，天麻，清水和料酒，放
入蒸锅蒸 20 分钟后再焖 5 分钟即
可。

温馨·小提示

此菜汤浓汁香，性温和，为滋补上品。

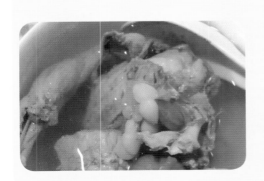

荷包
水鱼

[主材料]

甲鱼1只

[调味料]

薏米、笋花、赤肉、上汤、蒜头、味精、绍酒、姜、葱、盐、胡椒粉、芝麻油适量。

● 做法

① 将水鱼宰杀后，取出肠肚洗净待用。

② 薏米用开水泡洗。笋花、赤肉切粒，放在碗内，加入薏米、味精、绍酒、精盐拌匀，瓤入水鱼腹内，用咸草扎紧，背朝下放入炖盅，把鱼壳斩碎，焯水生放在水鱼上面。

③ 加入汤、精盐、蒜头、姜、葱头，用旺火烧沸，后用中火炖约1个半小时，取出去掉姜、葱、蒜头，倒入汤碗，加入味精、胡椒粉、芝麻油即成。

温馨·小提示

薏米煮粥食，治肺痈。

西子番茄
煮鲜鲍

[主材料]

番茄 1 个、鲜鲍 300 克

[调味料]

西子、番茄酱、鸡蛋、蒜头各适量。

● 做法

① 西子洗净切碎，鲜鲍洗净留壳，鸡蛋煮熟剥壳切片，番茄洗净，开水烫煮后去皮切丁备用。

② 开锅下油，爆香蒜头和番茄，倒入适量的番茄酱、二汤，加入西子，以盐、糖调味，煮开，再加入鲜鲍煮熟，上碟装盘，淋上西子番茄汁即可。

温馨·小提示

肉质软嫩，味极鲜浓。

百花 琵琶虾

[主材料]

中明虾 12 只、虾胶 150 克

[调味料]

白肉粒 25 克、火腿丝、芹菜、鸡蛋皮、鸡蛋清 2 个、姜 1 片、生葱。

● 做法

① 明虾去头壳留尾，加少许精盐、味精、料酒、葱、姜腌制 10 分钟待用，加入白肉粒、鸡蛋清 1 个搅匀做虾胶，把虾胶酿在明虾上面，用鸡蛋清抹平，把鸡蛋皮贴在汤匙尖的虾胶上，再放上火腿丝、芹菜丝。

② 然后放进蒸笼蒸约 7 分钟取出，把上汤放炒锅煮沸，加盐、味精、料酒、淀粉勾芡，加上麻油、白猪油淋在琵琶虾上面即成。

✖ 温馨·小提示

此菜造型美观，清鲜爽口。

清蒸
鲈鱼

[主材料]

鲈鱼 1 条、猪肉丝 100 克

[调味料]

精盐、猪油、麻油、白酱油、姜丝、
胡椒粉、葱、地栗粉、味精各适量。

做法

1. 将鲈鱼宰好，除内脏，洗净。用
   盐、麻油、味精等拌匀，浇入鲈鱼
   肚内。用葱2～3条放在碟底，葱上
   放鲈鱼。

2. 再用猪肉丝、冬菇丝、姜丝和（少
   许）热盐、酱油、地栗粉搅匀，涂
   在鱼身上，隔水猛火蒸10分钟，熟
   后取出原汁的一半，加生葱丝及胡
   椒粉放于鱼上，再烧滚猪油淋上，
   略加适量酱酒即好。

温馨·小提示

鲈鱼清蒸不要从肚子部位取内脏，拿筷子从嘴里
把内脏绞出来，洗干净，鱼身上轻轻划几刀，摸点盐
，把鱼放在垫有筷子的盘子里，把它支起来好成熟。

鲍汁
扣鹅掌

[主材料]

鹅掌 1 只

[调味料]

鲍汁适量、西兰花 1 朵，盐、鸡汤、胡椒粉各适量。

● 做法

❶ 鹅掌、西兰花分别洗净，加调料卤制入味；西兰花焯熟。

❷ 鹅掌、白灵菇放入盘内，淋上鲍汁，装饰西兰花即可。

❌ 温馨·小提示 🧂

鹅掌一定要卤至酥烂。

生炒
牛仔骨

[主材料]

牛仔骨 200 克

[调味料]

洋葱、蒜泥、番茄酱、青红椒、盐、
酱油、料酒、淀粉各适量。

● 做法

① 牛仔骨解冻，冲洗干净，抹干水，
切块，用刀背拍松，拌入腌料腌半
小时；洋葱切条；青红椒切块。

② 烧热 4 ~ 5 汤匙油，将牛仔骨两面
煎至金黄色（约九成熟），取出。

③ 锅里留 2 汤匙油爆炒洋葱、蒜泥及
番茄，牛仔骨回锅，加盐、酱油、
料酒、淀粉勾芡炒至汁浓即成。

温馨·小提示

牛排中含有多种人体所需元素，是所有
食物中含量最丰富的,其中包括：蛋白质、血
质铁、维生素、锌、磷及多种胺基酸。

茶树菇
蒸银鳕鱼

[主材料]

银鳕鱼 400 克

[调味料]

茶树菇、红辣椒、冬笋、葱姜末、胡椒粉、盐、味精、黄酒、清油各适量。

● 做法

① 将整块银鳕鱼顶刀切成段，稍煎，放在盘内上撒少许胡椒粉。

② 茶树菇、辣椒、冬笋均切成末，与葱姜末放在油中煸炒出香味，加进黄酒、盐、味精，然后浇在鱼上一起进笼蒸 7~8 分钟后取出。

③ 鱼上放几根红椒丝、大葱丝，上浇热油即成。

温馨·小提示

少国家把银鳕鱼作为主要食用鱼类。其肝脏含有丰富的维生素A和维生素D。

豉汁南瓜
蒸排骨

[主材料]

南瓜400克，猪排骨500克

[调味料]

大葱、姜、豆豉、香菜、生抽各适量。

● 做法

① 将南瓜洗净，在1/3处削开，用小勺掏出内瓤。将葱、姜分别洗净，切段、片备用。香菜洗净切末备用。排骨斩成小块，洗净后加豆豉、生抽、盐、葱段、姜片拌匀后腌制30分钟。

② 将腌好的排骨取出，放入南瓜里，上锅蒸至排骨嫩熟，撒上香菜末即可。

❋ 温馨·小提示 ✎

　　豆豉酱中有油份，油包裹在排骨表面也能起到和淀粉包裹一样的效果。

豉汁
蒸带子

[主材料]

带壳鲜带子 12 只

[调味料]

熟豆豉 10 克,蒜茸 2.5 克,老抽 5 克,
精盐 2.5 克,湿生粉 5 克,熟油 5 克。

● 做法

① 将带子洗净放在碟上,淋上熟油。

② 将熟豆豉、蒜茸、老抽、精盐、湿
生粉拌匀,淋于带子上,用猛火蒸
熟便成。

✖ 温馨·小提示 🧂

　　带子的营养非常丰富,高蛋白,低脂肪。带
子易消化,是晚餐的最佳食品。

豉汁蒸凤爪

[主材料]

鸡爪 4 个

[调味料]

豆豉、老抽、盐、糖、麻油、生粉、胡椒粉、干红椒丝、蒜泥、加水调成调料

● 做法

① 先给鸡爪剪去指甲，鸡掌切断，再切成两半。然后放沸水断生，重新清洗一遍，沥干。

② 热锅放多多的油加热至冒泡后放入鸡爪炸，炸得鸡爪冒泡至金黄色即可。

③ 将炸好的鸡爪入水浸 10 分钟，把鸡爪捞出来，放在调料碗加花生腌半小时隔水蒸 30 分钟即可。

✂ 温馨·小提示

凤爪的营养价值颇高，含有丰富的钙质及胶原蛋白，多吃不但能软化血管，同时具有美容功效。

豉汁
蒸排骨

[主材料]

排骨 500 克

[调味料]

陈皮末、葱花、姜蒜、辣椒、豆豉、天添鲜、胡椒粉、老抽、生粉、料酒各适量。

● 做法

① 排骨斩成小块，入锅加料酒焯水，豆豉切碎待用。

② 锅入油，入姜蒜末煸香，再加入豆豉、陈皮末、糖、白胡椒粉、老抽、料酒、天添鲜、辣椒丁炒香。

③ 将炒好的豆豉加辣椒丁、生粉、香油与排骨拌匀后入锅蒸 15 分钟，出锅时撒上葱花即成。

✄ 温馨·小提示

　　猪排骨提供人体生理活动必需的优质蛋白质、脂肪，尤其是丰富的钙质可维护骨骼健康；具有滋阴润燥、益精补血的功效。

豉汁
蒸鱼头

[主材料]

鲷鱼头 2 个

[调味料]

蒜、姜蓉、泡椒、干辣椒、青辣椒、蒜苗、
豆豉酱、料酒、深色酱油、太白粉各适量。

● 做法

① 鱼头洗净用料酒，盐，味精，深色
酱油，蒜茸，姜末，辣椒末，豆豉酱，
太白粉拌匀。

② 淋上两大匙滚油，放进蒸笼里以旺
火蒸熟（约 10~12 分钟），铺上蒜
苗即可。

❀ 温馨·小提示 ❀

　　鲷鱼营养丰富，钙、钾、硒等营养元素和人体
必须的氨基酸含量高。

虫草
蒸鸡

[主材料]

光鸡 1 只

[调味料]

虫草花、红枣、红葱头、姜、香菜各适量。

● 做法

❶ 光鸡斩成块状，加入生粉抓匀，静置 10 分钟，再加入盐、白糖鸡粉搅拌均匀。

❷ 将虫草花、红枣、姜片和红葱头一同放入鸡块中，加入蚝油、白胡椒粉、香油、料酒和油拌匀。

❸ 烧开锅内的水，放入虫草花鸡块，加盖开大火隔水清蒸 8 分钟。取出虫草花鸡块，洒入香菜末，即可。

温馨·小提示

虫草花鸡块无须盖上保鲜膜，可直接下锅清蒸，使水蒸汽滴入菜中，让汤汁鲜美清甜。

茨菇
蒸鸡

[主材料]

鸡肉 1000 克

[调味料]

茨菇、大葱、姜、酱油、料酒、白砂糖、
胡椒粉、淀粉、鸡油、盐、味精各适量。

 做法

① 将肉鸡洗净，沥干水切成块，放入
沸水中余透，沥干水分。葱切段，
姜切片，茨菇去蒂，切成块。

② 将鸡块和茨菇放入大碗内，加调料
及清水，将碗放入蒸锅中，用旺火
蒸 45 分钟，取出。

③ 将汤倒入炒锅中，葱段、姜片拣出
不用，用湿淀粉勾芡，放入鸡油，
将鸡放入大盘中，将汁淋在鸡块，
蘑菇块上即可。

温馨·小提示

中医认为茨菇性味甘平，生津润肺，补中
益气，对劳伤、咳喘等病有独特疗效。

脆椒
粉蒸肉

[主材料]

上等五花肉 300 克

[调味料]

香脆椒、五香米粉、青油、盐、味精
各适量。

● 做法

① 将五花肉切片加味精拌匀，再加五
香米粉蒸熟。

② 把粉蒸肉放入锅内煎至金黄色加香
脆椒炒匀装盘即可。

温馨·小提示

　　由于猪肉中胆固醇含量偏高，故肥胖人群及血
脂较高者不宜多食。

蛋香蒜茸
蒸海蟹

[主材料]

海蟹1只

[调味料]

蛋、葱花、蒸鱼豉油、油各适量。

● 做法

① 螃蟹切成块，蟹钳略拍，并入沸水
汆烫3秒钟捞出。蛋打散，过滤掉
杂质待用。

② 汆烫螃蟹的水不要倒除，过滤，降
温到40度左右，不烫手待用。

③ 将蛋液与汆烫螃蟹的水按照1比2
的比例搅匀，倒入排好螃蟹的深碗
中，用保鲜膜密封，放入蒸笼中，
蒸约12分钟至熟即可。

④ 小碗倒入蒸鱼豉油和油，微波加
热，倒入蛋中，并撒上葱花即可。

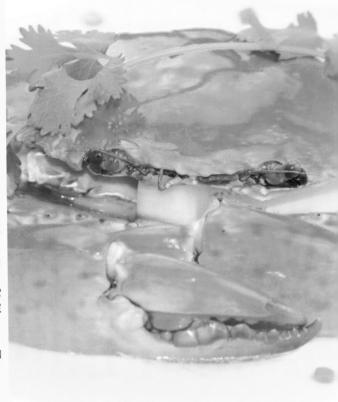

✂ 温馨·小提示 🥢

肉味道鲜美，但由于蟹属凉性，肠胃不好的
人不宜多吃，患出血症的人不宜吃。

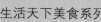

豉汁蒸鲮鱼头

〔主材料〕

鲮鱼头500克

[调味料]

大蒜、姜、辣椒、豆豉、盐、味精、酱油、淀粉、猪油、大葱各适量。

● 做法

1. 鱼头洗净，大蒜洗净，切成碎末，再用刀背剁成蒜茸，姜去皮洗净切成姜末，葱洗净切成葱段。

2. 豆豉捣成豆豉泥，将鱼头用精盐、味精、深色酱油、蒜茸、姜末、辣椒末、豆豉泥等拌匀，加上干淀粉再拌匀。淋上熟油，放在笼里蒸熟，另加上葱段即可。

小提示

鲮鱼富含丰富的蛋白质、维生素A、钙、镁、硒等营养元素，肉质细嫩、味道鲜美。

豆豉蒸蛏子

〔主材料〕

蛏子500克

[调味料]

豆豉半汤匙，麻辣豆豉酱1汤匙，蚝油半汤匙，蒜蓉半汤匙。

● 做法

1. 将豆豉剁碎，拌上其他调料。

2. 蛏子打开，洗净，拌上豆豉蒜蓉酱，放在盘子上。先用大火将蒸锅里的水烧开，水开后放入装好蛏子的盘子蒸5分钟即可。

小提示

吐好沙的蛏子用淡盐水反复的搓洗几遍，将壳上的脏东西洗净控干水分即可。

豆腐蒸咸鱼

〔主材料〕

豆腐100克，咸鱼250克

[调味料]

五花肉40克，辣椒、姜、酱油、江米酒各适量。

● 做法

1. 咸鱼洗净备用，豆腐切1厘米厚片，五花肉、干红辣椒及姜片切细丝。

2. 将豆腐先排于盘底，上面放咸鱼，在豆腐与咸鱼之间和上面分别撒上五花肉丝、辣椒丝与姜丝。

3. 酱油、江米酒对成调味料调匀，淋在鱼上，置蒸笼以中火蒸15分钟即可。

小提示

这道菜营养丰富，但肥胖人群及血脂较高者不宜多食。

剁椒蒸鱼头

〔主材料〕

大鱼头1250克、剁椒300克

[调味料]

豆豉50克，蒜头50克，酱油20克，油10克。

● 做法

1.将大鱼头刨开洗净放在碟子上备用，在锅上把原粒蒜头用油爆香。

2.加入湖南剁椒酱和豆豉，以大火翻炒后再以酱油调味。

3.把炒香的豆豉放在鱼头面上蒸十分钟左右即可。

 小提示

　　鱼头中的大量钙质可以很容易吸收，但是其中的胆固醇含量也很高，高血脂的人要注意适量。

剁椒蒸竹肠

〔主材料〕

猪肠650克

[调味料]

剁椒25克，姜米、蒜米、味精、料酒、酱油、小苏打各适量。

● 做法

1.猪肠洗净，切成段，加入小苏打腌制20分钟，入水冲去碱味。

2.猪肠入盆，调入姜米、蒜米、料酒、酱油、味精、剁椒，入笼蒸10分钟即可。

小提示

　　猪大肠有润燥、补虚、止渴止血之功效。

粉丝蒸肉蟹

〔主材料〕

肉蟹2只

[调味料]

粉丝、蒜、盐、油、葱各适量。

● 做法

1.粉丝泡水，发软后切成3段放入深碗中。

2.肉蟹净去鳃肠，切成块，加入蒜、盐、油稍多放点，让粉丝吸味拌匀。

3.将蟹块放在粉丝上，放葱段在表面，盖上盖子，用微波炉高火4分半钟。如果换明火蒸更好，这样汁水会多点。

 小提示

　　食用粉丝后，不要再食油炸的松脆食品，如油条之类。

FOOD COOKING

粉丝蒸带子

〔主材料〕

带子5只

[调味料]

粉丝、蒜头、葱各适量。

● 做法

1. 带子去掉内脏, 洗干净, 把葱切成葱花, 留葱根待用。把粉丝和蒜茸放一起, 加上鸡精、食盐、胡椒粉、食用油一起搅拌, 把2/3的蒜茸粉丝铺在碟子上, 再把带子放蒜茸粉丝上面, 然后把剩下的蒜茸粉丝铺在带子上面。

2. 水开后, 把带子锅里, 开猛火蒸15分钟左右。带子熟了, 撒上葱花, 烧热油淋在葱花上即可。

小提示

自己处理带子要特别小心: 带子的壳非常脆, 容易破裂, 很容易割伤手。

广式蒸鲈鱼

〔主材料〕

活鲈鱼一条

[调味料]

葱、姜、香菜、红椒丝、李锦记蒸鱼豉油、盐、白胡椒、素油各适量。

● 做法

1. 将鲈鱼宰杀洗净, 在鱼的内外表面涂上细盐, 用少许素油涂抹鱼身, 鱼身抹一点点白胡椒。

2. 蒸锅大火水滚开放鱼盘入内蒸5分钟。关火让鱼在锅里闷10分钟即可。

小提示

鲈鱼肉呈白色, 剌少, 肉质细嫩、爽滑, 鲜味突出。

蛤蜊蒸丝瓜

〔主材料〕

丝瓜1条, 蛤蜊400克

[调味料]

青葱、姜片、辣椒、盐、香油各适量。

● 做法

1. 蛤蜊川烫取肉备用, 丝瓜切片备用。

2. 瓷盘放入丝瓜、姜片、辣椒丝配色, 盐巴拌匀, 蒸锅水开后放入蒸3~5分钟。

3. 起锅前放入蛤蜊肉, 洒上青葱花, 淋上香油即可。

小提示

蛤蜊味咸寒, 具有滋阴润燥、利尿消肿、软坚散结作用。

粉蒸鸡

〔主材料〕

仔鸡400克，红米粉150克

〔调味料〕

酱油、料酒、白糖、味精、胡椒粉、姜米各适量。

● 做法

1. 仔鸡洗净，剁块备用。米粉加酱油、料酒、白糖、味精、胡椒粉、姜米一起搅拌均匀，放入鸡块，均匀地粘上米粉，摆入碗中。

2. 将碗入蒸笼，蒸30分钟取出，反扣入盘中即可。

小提示

芳香扑鼻，稍带辣甜，呈酱油色，四季皆宜。

 粉蒸牛肉

〔主材料〕

瘦牛肉370克，大米75克

〔调味料〕

植物油、酱油、花椒、胡椒粉、辣椒粉、葱、姜、料酒、豆瓣酱、四川豆豉、香菜各适量。

● 做法

1. 大米炒黄磨成粗粉，葱切成葱花，豆豉剁细，姜捣烂后用少许泡之香菜洗净切碎。

2. 牛肉切成薄片，用油、酱油、姜水豆豉、豆瓣酱、胡椒粉、大米粉等拌匀，放入碗中上屉蒸熟，取出翻扣盘中撒上葱花即可。

小提示

牛肉有补中益气，滋养脾胃，强健筋骨，化痰息风，止渴止涎之功效。

 干煸粉蒸肉

〔主材料〕

带皮五花肉200克、五香蒸肉米粉100克

〔调味料〕

腰果、芝麻、植物油、盐、鸡精、料酒、姜各适量。

● 做法

1. 将五花肉切成块，加盐、味精、料酒、姜末腌渍入味，放入五香蒸肉米粉、装入盘内，上笼蒸30分钟至肉软烂。

2. 锅内放底油，烧热后下入粉蒸肉，小火煎至两面金黄，出锅;腰果放入五成热的油锅内炸至金黄，捞出沥干油待用。

3. 锅内留底油，烧热后下干椒段、芝麻煸香，放入煎好的粉蒸肉、腰果，淋上花椒油、香油，翻炒均匀，撒葱花，出锅装盘即可。

小提示

使用前最好将洗净的腰果浸泡5个小时。

 古法蒸鱼

〔主材料〕

桂花鱼500克，瘦肉30克

〔调味料〕

冬菇、陈皮、葱、香菜、盐、生粉、油、生抽、老抽、糖各适量。

● 做法

1. 香菜切段，葱切丝，冬菇切丝，陈皮刮瓤切丝，瘦肉切丝，加调味料腌片刻。

2. 鱼洗干净，抹干水分，排在碟上，铺上陈皮丝、肉丝、冬菇丝，隔水大火蒸 12~14 分钟。取出，倒掉鱼汁，撒上香菜和葱丝。烧热 2 汤勺油，淋在葱丝面，再烧热生抽、老抽、糖汁淋在鱼身上即可。

小提示

吃鳜鱼有"痨虫"的作用，也就是说有利于肺结核病人的康复。

 广式蒸河虾

〔主材料〕

河虾350克

〔调味料〕

辣椒、大葱、盐、味精、胡椒粉、白砂糖、黄酒、植物油、生抽、老抽各适量。

● 做法

1. 将虾剪去虾须，洗净，沥干。

2. 锅入油，烧热后放入干辣椒爆香，再加生抽、老抽、糖、汤、味精，然后盛入碗中。

3. 将虾放碗中，撒入胡椒粉和少量盐，拌一下，倒入盘里，上笼蒸 6 ~ 7 分钟取出即成。

小提示

河虾肉质细嫩，味道鲜美，营养丰富，是高蛋白低脂肪的水产食品。

 清蒸螃蟹

〔主材料〕

螃蟹1000克

〔调味料〕

黄酒15克，姜末30克，酱油20克，白糖、味精各少许，麻油 15克，香醋50克。

● 做法

1. 将螃蟹用清水流净，放在盛器里。

2. 将姜末放在小酒碗内，加熬熟的酱油、白糖、味精、黄酒、麻油搅和。

3. 另取一小碗，放醋待用；将螃蟹上笼，用火蒸 15 ~ 20 分钟，至蟹壳呈鲜红色，蟹肉成熟时，取出。上桌时随带油调味和醋。

小提示

螃蟹含有丰富的蛋白质及微量元素，对身体有很好的滋补作用。

豆豉蒸腊鱼

〔主材料〕

腊鱼400克，豆豉100克

〔调味料〕

葱段10克，姜片8克，料酒10克，味精3克，干辣椒5克。

● 做法

1. 腊鱼洗净切块，放入盘中。

2. 锅上火，将豆豉炒香，调入料酒、味精，倒在腊鱼块上，撒葱段、姜片、干辣椒，入笼蒸25分钟即可。

 小提示

　　豆豉的营养价值较高，它蛋白质含量高，而且含有多种维生素和矿物质。

汗蒸仔鸡

〔主材料〕

仔鸡一只

〔调味料〕

毛豆米、草菇、葱、姜、黄酒、鸡精各适量。

● 做法

1. 仔鸡洗净，把准备好的各种菌类、毛豆米、葱、姜也一起放入碗内。

2. 在碗内加入开水、黄酒、适量盐，上锅内大火蒸约30分钟即可。

小提示

　　仔鸡的肉里含弹性结缔组织极少，所以容量被人体的消化器官所吸收。

荷香蒸鸡

〔主材料〕

嫩仔鸡一只，新鲜荷叶二张

〔调味料〕

葱段、姜、料酒、盐、鸡精、老抽、香菜末、香葱末、糖各适量。

● 做法

1. 将嫩仔鸡清洗干净，剁成大小适中的鸡块，加入葱段、姜末及料酒、老抽酱油、少许的盐、鸡精拌匀腌渍30分钟。

2. 蒸锅水沸改小火，将荷叶洗净去蒂，将腌渍好的鸡块均匀码在荷叶内，将四边折叠起，折口朝上摆放在蒸笼中，改大火蒸约30分钟左右。另备一只小碗，在碗中倒入适量生抽酱油、白糖，喜欢食辣者，还可在碗中加点红油，撒上香菜末调好味，与蒸好的嫩鸡一同上桌。

小提示

　　金黄色，香嫩，鲜咸。

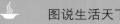

 荷叶粉蒸骨

〔主材料〕

排骨300克、新鲜荷叶1张

〔调味料〕

酱油、生粉、酒、蒸肉米粉各适量。

● **做法**

1. 把小排用酱油生粉酒拌和腌一会加蒸肉米粉。

2. 把小排用酱油生粉酒拌和腌一会加蒸肉米粉混匀了后用新鲜荷叶一张包起来。

3. 放高压锅里蒸十五分钟。

小提示

排骨有很高的营养价值，具有滋阴壮阳、益精补血的功效。

 荷叶蒸甲鱼

〔主材料〕

新鲜甲鱼一只、荷叶一片

〔调味料〕

杞子、青红辣椒、姜片、葱各适量。

● **做法**

1. 将甲鱼处理好后，用盐、油、酱油、生粉以及少许糖腌制10分钟。

2. 清洗荷叶并修剪成适合的形状，然后把它铺在碟子上，把杞子和甲鱼一同放在荷叶上，隔水蒸约15分钟。

3. 最后洒上辣椒和葱粒即可。

小提示

又柔韧又脆，味道鲜香不腻，且富含胶质。

 红葱头蒸鸡

〔主材料〕

鸡半只，红葱头2-3个

〔调味料〕

红枣、苟杞、姜、辣椒、花生油、料酒、酱油、生粉各适量。

● **做法**

1. 鸡洗净斩碎块，红葱头、红枣洗净切小片，姜拍爆切碎、红辣椒切粒，苟杞洗净。

2. 鸡肉用料酒、酱油、盐码味，拌入红葱片，腌10~20分钟，加姜碎、生粉，抓匀。

3. 将鸡肉和葱片薄摊在菜盘上，撒上苟杞、红辣椒粒、枣片，淋上少许酱油和花生油。蒸锅水烧开，将菜盘放入，猛火蒸8~10分钟即可。

小提示

红葱头是中菜烹调中不可或缺的增加香气的食材之一。

鲫鱼蒸蛋

〔主材料〕

新鲜鲫鱼一条，鸡蛋两个

[调味料]

姜片、葱、干辣椒、料酒、盐、香油、豆油。

● 做法

1. 洗净鱼，并在背上切三个口入味。

2. 锅里倒上油，辣椒，姜，放鱼煎两面微黄，倒料酒去腥。鸡蛋打散，撒些葱。放盐，加水；鱼捡去姜和辣椒，放入蛋液的碗里。放入蒸锅蒸 10 分钟，到鸡蛋成熟。

小提示

鲫鱼有健脾利湿的功效，因此很适合宝宝腹泻的时候进食，补虚效果极佳。

酱蒸鸡翅

〔主材料〕

鸡翅8个

[调味料]

六月鲜豆瓣酱，姜丝、葱段、料酒各适量。

● 做法

1. 鸡翅洗净擦干表面水分，用刀在鸡翅上横切几刀，方便入味。

2. 把鸡翅放进容器中，放姜丝，葱段和一汤匙料酒，然后加一大勺豆瓣酱。所有材料拌匀，腌制 0.5 ~ 1 个小时。烧开锅中水，把腌制好的鸡翅放入大火蒸 10 分钟左右即可。

小提示

不能吃太多鸡翅，尤其是鸡翅尖，鸡翅尖是鸡的淋巴结，这是常识。

酱肉蒸春笋

〔主材料〕

酱肉50克，春笋150克

[调味料]

鸡汤25克，糖2克，葱、姜、红椒少许。

● 做法

1. 春笋放入开水锅里焯水，除去笋中草酸味，捞出放在凉水中漂一下，切成 5 厘米长、2 厘米宽的春笋块，放入盆中。

2. 酱肉切片依次放在春笋上面，洒上盐 1 克、味精 2 克、糖 2 克、鸡汤 25 克，上笼蒸 10 分钟后拿出。锅上烧热油，盆中央放上葱、姜丝、红椒丝、淋上热油即可。

小提示

味道鲜美，营养丰富，可以补气益血，强筋健骨。

鸡色红，板栗黄，鸡肉香酥而味醇厚，板栗绵软而含鸡鲜。

 ## 徽州蒸鸡

〔主材料〕

肥母鸡1只，板栗200克

〔调味料〕

酱油约1汤匙，绍酒约1汤匙，鸡汤约2杯，冰糖少许。

● 做法

1. 将鸡从脊背处剖开，取出肠脏，洗净滤水。板栗煮熟后剥壳除内衣。在鸡肋骨处用刀扎几下，在鸡大腿内侧，顺鸡形用刀划一下。

2. 将鸡放入滚水中灼至鸡皮绷紧，浮沫漂起，捞出滤水，涂抹一层酱油，下油锅炸至鸡皮呈金红色时捞出滤油。将鸡脯向下放在碗里，摆上板栗肉，洒上盐、冰糖、绍酒，加上汤，和葱、姜，放锅内用大火蒸至鸡肉熟烂时取出，拣去葱、姜，反扣在碟中即可。

蛋清中除含有少量的葡萄糖外，基本上可看作100％的纯蛋白溶液。

 ## 笼仔蒸肉丸

〔主材料〕

肉馅250克

〔调味料〕

蛋清、葱、姜、盐、糖、味精、油各适量。

● 做法

1. 绞肉剁细，加入一个蛋清，加入剁细的葱姜，加一勺油，加入各种调料拌匀，甩打至有弹性，再分别团成一口大小的丸状。

2. 将和好的馅盛入抹上一层香油的碟子里。下笼隔水蒸半小时。

五香粉具辛温之性，有健脾温中、消炎利尿等功效，对提高机体抵抗力有一定帮助。

 ## 米粉蒸肉

〔主材料〕

带皮猪肉300克

〔调味料〕

大米、绍酒、酱油、盐、味精、糖、甜面酱、葱末、姜丝、五香粉、香油各适量。

● 做法

1. 将猪肉洗净切成厚1公分以下片，放在盆中，用盐、绍酒、酱油、糖、甜面酱、葱末、姜丝、五香粉和香油拌匀待用。把大米洗净，沥干水分后，在炒锅中用小火炒成微黄色，取出晾凉后，擀成粗颗粒米粉。

2. 把米粉倒入猪肉盆里，加少许水，让米粉湿润，使每片肉都能裹上厚厚的米粉，肉皮朝下，逐片码在碗里，放入蒸锅里蒸熟，取出扣在盘里即可。

沔阳三蒸

〔主材料〕

五花肉200克

[调味料]

草鱼、粳米、青菜、盐、酱、红腐乳汁、姜末、绍酒、
白糖、桂皮、丁香、各适量。

● 做法

1. 粳米洗净控干，放入炒锅，在微火上炒三分钟，微黄时，
加桂皮、丁香、八角，再炒三分钟出锅，磨成鱼子大小的粉粒。

2. 将五花肉和草鱼切成厚片，用布揾干水分，加精盐、酱油、
红腐乳汁、姜末、绍酒、鸡精、白糖，一起拌匀，腌渍十分钟。
将青菜等洗净切段，或切块，和鱼、肉一起拌上五香米粉，
与米饭入一甄蒸，蒸具是杉木小桶。米饭放在最下面，蔬
菜均匀铺在其上，鱼块、肉片又次第放于蔬菜上。盖紧甄盖，
旺火蒸40分钟左右。

小提示

　　粉香扑鼻、鲜嫩软糯、原
汁原味、食而不腻。

青元粉蒸肉

〔主材料〕

五花肉200克

[调味料]

生姜、酱油、酒、糯米粉、粘米粉、五香粉、淀粉、土
豆、红薯淀粉各适量。

● 做法

1. 把带皮五花肉切片，不要太厚，也不要太薄，估计1厘
米左右就可以了。然后放生姜,酱油,酒腌一腌,最少1小时。

2. 糯米粉，粘米粉，五香粉，按照1:1:0:5的比例混和，
然后再倒一点点淀粉，土豆或者绿豆或者红薯淀粉都可以。
在锅内用小火炒香。把腌好的肉在锅里滚滚，粘上米粉。

小提示

　　红薯淀粉中的红薯含有多
种人体需要的营养物质，特别
是红薯含有丰富的赖氨酸，而
大米、面粉恰恰缺乏赖氨酸。

清蒸鲳鱼

〔主材料〕

海鲳鱼1条

[调味料]

蒜苔、姜葱、料酒、蒸鱼豉油各适量。

● 做法

1. 海鲳切十字花刀，滴几滴料酒，入锅蒸熟，倒入蒸鱼豉江，
再在锅里放油，待热后。

2. 加姜葱爆香，放蒜苔，趁热油淋到蒸好的鱼上。

小提示

　　鲳鱼是一种身体扁平的海
鱼，富含高蛋白、不饱和脂肪
酸和多种微量元素。

南瓜蒸排骨

〔主材料〕

五花肉200克

〔调味料〕

盐、酱油、辣椒粉、孜然、辣椒油各适量。

做法

1. 大火煮沸汤锅中的水，下入排骨，中火煮30分钟至排骨八成熟，捞出后滤水。

2. 炒锅放油，然后放入豆豉、切片大葱和老姜煸香，放入料酒、陈皮、白砂糖、老抽炒出香味，下入煮过的排骨、切碎的朝天椒炒匀，调入胡椒粉和盐拌匀。

3. 南瓜对半剖开，摆在盘中。将炒香并腌制入味的排骨盛入南瓜盅，放入蒸锅，大火蒸20分钟，熟透撒上葱花即可。

小提示

补中益气，降血脂，降血糖，清热解毒，保护胃粘膜、帮助消化。

粉蒸排骨

〔主材料〕

排骨200克

〔调味料〕

红薯、四川辣豆瓣酱、老抽、蒜、白糖、盐、鸡精、蒸肉米粉、葱、食用油各适量。

做法

1. 将排骨宰成3厘米长的段，红薯消皮切成小块，蒜葱切末。将豆瓣酱、少量老抽、蒜末、酒醋汁、少量白糖、鸡精、盐、食用油加入到排骨中，拌匀后倒入蒸肉米粉，使每根排骨都均匀裹上一层米粉。

2. 取蒸笼，下面垫上一层切好的红薯块，然后再将排骨铺上去，上锅大火蒸45~60分钟，最后撒上葱花即可。

小提示

排骨的营养价值很高，除含蛋白、脂肪、维生素外，还含有大量磷酸钙、骨胶原、骨粘蛋白等。

清蒸带鱼

〔主材料〕

带鱼1条

〔调味料〕

生姜、盐、料酒各适量。

做法

1. 将带鱼洗净，切断后抹上盐。

2. 将抹完盐的鱼码在盘上，放入料酒和生姜，上锅中火蒸15分钟即可。

小提示

带鱼的脂肪含量高于一般鱼类，且多为不饱和脂肪酸，这种脂肪酸的碳链较长，具有降低胆固醇的作用。

清蒸红膏蟹

〔主材料〕

青蟹400克

〔调味料〕

大葱10克，姜10克，醋5克。

● 做法

1. 先将膏蟹宰杀干净，将蟹爪切掉，再将蟹心切为件，又将蟹螯切为两段拍裂，又再将蟹盖剁为圆菜小块。
2. 砌在碟上，砌时，先将蟹螯放在碟底，再将蟹心逐件排在蟹螯周围砌为圆形，又将蟹盖放在最上面，随将蟹黄逐粒放在蟹心中，再将余下的蟹黄放在每小块的蟹盖上。加上生葱、姜，放入笼内蒸至熟；弃掉姜、葱，跟姜茸、浙醋同上便成。

吃螃蟹不可饮用冷饮会导致腹泻。吃蟹时和吃蟹后1小时内忌饮茶水。

清蒸虹鳟鱼

〔主材料〕

虹鳟鱼1条

〔调味料〕

豉油鱼汁、美极鲜酱油、葱丝、姜丝及红绿椒丝、香菜各适量。

● 做法

1. 去鳞净膛的虹鳟鱼放入笼屉中蒸3至5分钟后取出，放在盘中待用。

2. 豉油鱼汁、美极鲜酱油调成汁后浇在鱼身上，放上葱姜丝及红绿椒丝，用热油泼炸，香菜点缀后即可食用。

鱼脑富含磷蛋白，可促进脑的发育。

清蒸鲩鱼

〔主材料〕

鲜鲩鱼1条

〔调味料〕

葱、姜、盐、味精各适量。

● 做法

1. 鲩鱼治净，用开水略氽，洗净后两面剞成柳叶花刀。
2. 葱白切成丝，姜也切丝，将葱丝姜丝放入鱼肚内一部分，鱼身上也铺一部分。留一部分葱白丝、姜丝备用。起火做一蒸锅，上气后连鱼带盘放入，只蒸8分钟就关火。
3. 将鱼肚内以及身上的葱姜丝去掉，将余下葱白、姜丝均匀铺在鱼身上，均匀在鱼身上浇入蒸鱼生抽。取一锅加入上好的花生油和少许香油，烧得火热，也均匀浇在鱼上即可。

鱼对于身体瘦弱、食欲不振的人来说，可以开胃、滋补。

鸡肉鲜嫩酥烂，粉质香糯，咸中带甜。

清蒸鸡

〔主材料〕

鸡1只（约2斤左右）

〔调味料〕

盐2小勺，姜、葱、蒜粉各适量。

做法

1. 鸡清洗干净后，沥干水分；把鸡脚斩下用盐把沥干水分的鸡全身内外都涂遍，并适当用手帮鸡按摩几下，让盐分充分渗透进去。

2. 洒下姜葱蒜粉，把鸡的全身内外都涂遍，腌15分钟后，锅里水开后，上蒸锅大火蒸15分钟。

3. 关火后虚蒸5分钟再揭开锅盖，蒸鸡最好用不锈钢的碟子，这样受热比较均匀，传热也比较快，稍凉后斩件、上桌。

小提示

江蟹含有丰富的蛋白质及微量元素，对身体有很好的滋补作用。

清蒸江蟹

〔主材料〕

江蟹4只

〔调味料〕

紫苏叶适量。

做法

1. 用水将江蟹洗净待用，用锅盛水煮沸，把江蟹腹朝上用碟承放，加上紫苏叶，然后放在锅里面蒸，以保持蒸汽的压力，此举可达到更好的效果。

2. 江蟹蒸好后佐以陈醋、姜茶共用。

小提示

腊肉中磷、钾、钠的含量丰富，还含有脂肪、蛋白质、碳水化合物等元素。

清蒸腊肉

〔主材料〕

湘西腊肉500克

〔调味料〕

整干椒20克，豆豉30克，盐5克，味精15克，红油25克。

做法

1. 锅内放红油，将豆豉爆香，将整干椒切成两截放入锅内，加盐、味精，小火拌匀待用。

2. 湘西腊肉焯水后立即捞出控干水分，切0.8厘米厚的片，码入码斗成一圈后盖上炒好的豆豉辣椒，上笼大火蒸45分钟即可。

滋补粤菜

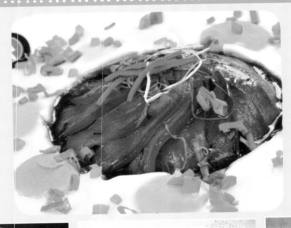

　　猪肉性平味甘，有润肠胃、生津液、补肾气、解热毒的功效。

 ## 粉蒸肉

〔主材料〕

带皮五花肉400克

［调味料］

姜、葱丝、炒米粉、甜面酱、白糖各适量。

● 做法

1. 花肉皮刮净，10公分长，0.5公分的厚片。

2. 入炒粉，甜面酱、白糖、姜葱丝拌匀上笼蒸5个小时，扣盘即成。

　　柠檬能增强血管弹性和韧性，可预防和治疗高血压和心肌梗塞症状。

 ## 清蒸柠檬鱼

〔主材料〕

鲈鱼1条，柠檬2个

［调味料］

香菜1棵，红辣椒1只，蒜头3瓣，鱼露4汤匙，糖2汤匙，盐1汤匙。

● 做法

1. 洗净2个柠檬，做成柠檬汁待用。剩下半个柠檬用刀切成薄片，摆在碟边做装饰用。蒜头拍扁去衣剁成蓉，红辣椒洗净切成丁，将香菜茎切成末，香菜叶留着待用。

2. 将鲈鱼洗净，洒1汤匙盐抹遍鱼身，与酱汁一起放入碟中。烧开半锅水，放入鲈鱼和酱汁，盖上锅盖大火蒸7～8分钟。取出蒸好的鲈鱼和酱汁，将酱汁淋在鱼身上，摆些香菜叶做点缀即可。

　　鸡蛋含丰富的优质蛋白，每百克鸡蛋含12.7克蛋白质，鸡蛋蛋白质的消化率在牛奶、猪肉、牛肉和大米中也最高。

 ## 扣肉蒸蛋

〔主材料〕

鸡蛋2个，罐头扣肉一罐

［调味料］

青葱粒少许。

● 做法

1. 将扣肉（只要肉不要罐头里的汤汁）排入大碗中，再将鸡蛋慢慢到入，放入蒸笼蒸至熟。

2. 取出，撒下青葱粒就行了。

清蒸石斑鱼

〔主材料〕

石斑鱼一条

[调味料]

猪板油50克、精盐5克、绍酒15克、葱段5克、酱油25克、姜片10克。

● 做法

1. 将石斑鱼宰杀，洗净。在鱼身两侧剞上5刀，将猪板油切成10片。在鱼的每个刀口处塞进猪板油，姜片各1片及葱段。

2. 再取杯子一只。放入精盐、酱油和绍酒，连同鱼一起上蒸笼，用旺火蒸至鱼刀纹露骨即可。

3. 拣去葱、姜、猪板油片，撒上味精，带上蒸过的酱油味料即可食用。

小提示

石斑鱼富含蛋白质、维生素A、维生素D、钙、磷、钾等营养成分，是一种低脂肪、高蛋白的上等食用鱼。

清蒸太阳鱼

〔主材料〕

太阳鱼1条

[调味料]

姜、葱、盐、酱油各适量。

● 做法

1. 葱白切段，剩下的切成丝，姜片切成丝；太阳鱼均匀抹上少许盐，放在碟上，每条鱼身下垫上一条葱白，以免蒸熟后鱼皮会粘碟，撒上姜丝，淋少许油;在鱼身上撒上姜丝。

2. 锅内放适量清水，烧开后放入太阳鱼大火蒸5分钟；蒸好的鱼，小心地倒掉盘里的水，弃掉葱白和姜丝，重新撒上葱丝；把锅里的水倒掉，热锅，放少许花生油，等油热后转小火，放入姜丝和少许蒸鱼酱油，烧开后铲起淋在鱼上。

小提示

中医认为其具有暖胃和中、平降肝阳、益肠明眼目之功效。

清蒸土鸡

〔主材料〕

土鸡一只，后腿肉500克

[调味料]

香菇50克，胡椒籽20粒，老姜10片，鸡精1茶匙，花椒20粒。

● 做法

1. 将鸡及后腿肉均匀的抹上盐、酱油，然后放入不锈钢器皿里。

2. 备好的胡椒籽、老姜同时放器皿内。将泡好的香菇也放内器皿内。

3. 把器皿内加入冷水（1000克），再把1茶匙鸡精溶入水中，用高火蒸120分钟。

小提示

鸡屁股是淋巴最为集中的地方，也是储存病菌，病毒和致癌物的仓库，应弃掉不要。

清蒸皖鱼

〔主材料〕

皖鱼1条

[调味料]

姜、葱、生抽各适量。

● 做法

1. 皖鱼洗净切段，备好葱姜、生抽。

2. 把鱼姜丝葱头码好，放入锅中蒸 3 分钟，再拿出来倒掉多余的水份，这时候放生抽，再大火 2 分钟出锅。

3. 接下来烧好热油，淋到青葱上即可。

小提示

生抽是用来一般的烹调用的，吃起来味道较咸。

清蒸蟹钳

〔主材料〕

蟹钳200克，黄瓜100克

[调味料]

姜末醋30克，蟹壳4只，料酒5克，姜汁15克，明油5克，色拉油2克。

● 做法

1. 蟹钳洗净，切成小块备用；在小碗的内壁上涂上色拉油，把蟹钳整齐地排放在小碗内，放上料酒、姜汁调味后用保鲜膜将碗口封死，上蒸箱大火蒸 3 分钟取出。

2. 黄瓜切成夹刀片，然后逐个摆放在盘中围边。将碗扣在盘中间，蟹钳上淋明油。

3. 将螃蟹壳放入沸水中大火余 2 分钟，取出后在正面刷上色拉油，装饰盘边，上桌时跟姜末醋一同蘸食。

小提示

.色泽洁白，蟹肉鲜醇，蘸姜汁而食，味尤鲜美。

清蒸鸭

〔主材料〕

鸭1200克

[调味料]

姜2克，大葱5克，盐3克，料酒20克，味精2克，胡椒粉3克。

● 做法

1. 锅内倒入清水，烧开后放入鸭子煮一下，将血水去掉，捞出后用水冲洗净，沥干水分。

2. 用精盐在鸭身上揉搓一遍，脊背朝上盛入坛子内腌一会儿。

3. 放上料酒、葱段、姜片胡椒粉和高汤，再将坛子封严，放进笼屉，用旺火蒸 2 小时。取出打开坛盖，撇净浮油，加入味精和精盐即可。

小提示

肉质软烂，味道鲜美。

清蒸羊肉

〔主材料〕

羊里脊500克

[调味料]

香菇50克，玉兰片、大葱、姜、盐、味精、料酒、鸡油、胡椒粉、花椒各适量。

做法

1. 将羊肉切成大片，取碗一个，玉兰片切成三片，尖朝外放碗内搭成三叉形，香菇放在当中，羊肉面朝下，整齐地码在上面，碎肉放在上面，加入精盐、葱段、姜片、料酒、胡椒粉、花椒包，适量鲜汤，用盘扣住。
2. 上笼用旺火蒸30分钟取出，揭去盘盖，去掉花椒包，肉扣在汤盘内，将原汁倒在锅里。将原汁置火上烧沸，撇去鸡油，放少许味精，调好口味，浇在羊肉上即可上桌食用。

小提示

夏秋季节气候燥热，不宜吃羊肉。

清蒸鱼头

〔主材料〕

胖头鱼头一半

[调味料]

盐、料酒、鸡精、糖、蒸鱼豉油、葱、姜各适量。

做法

1. 将鱼头上涂些盐、白糖和料酒，将葱和姜摆放在鱼头上，将其腌制10分钟。
2. 锅里烧水，待水沸腾后，放入腌制好的鱼头，鱼头上淋入少量的蒸鱼豉油，盖上锅盖大火蒸10分钟后取出。
3. 锅烧热，加入少量油，放葱和姜炒出香味后淋在刚刚蒸好的鱼头上即可。

小提示

鲜味浓郁，细嫩爽口。

剁椒油渣蒸茄子

〔主材料〕

长茄子150克

[调味料]

细干粉丝、干香菇、金钩、食用油、剁椒、盐、白糖、料酒、蚝油、香油、味精各适量。

做法

1. 长茄子均匀的切成条状；细干粉丝、干香菇热水泡发，切成碎末待用。锅内放油，中小火烧热，入茄子煸炒，等油都渗透，茄子皮略微有些发黄即盛出装盘。
2. 泡发的粉丝铺盘底，茄子条均匀的码在粉丝上。锅内入油，放入剁椒、香菇末、金钩、盐、白糖、料酒、蚝油、味精煸炒几下，然后均匀的浇在茄子上，上笼大火蒸五分钟，淋上香油即可。

小提示

茄子的营养，也较丰富，含有蛋白质、脂肪、碳水化合物、维生素以及钙、磷、铁等多种营养成分。

　　加少许的生抽可以去腥并且提味。

 肉沫蒸蛋

〔主材料〕

鸡蛋三个

[调味料]

瘦肉末、香葱、油、蚝油、熟白芝麻各适量。

● 做法

1. 锅置火上放油，倒入肉末加盐炒熟，放入蚝油和葱碎炒出香味起锅装小碗里待用。

2. 锅里放入蒸隔架，加水烧沸，蛋汁里温的热纯净水和油搅匀，放在蒸架上加盖，用中大火蒸。蒸约四分钟时揭一次盖晾十多秒钟，再盖上盖子继续蒸。直到碗中心底部的蛋凝固到跟蛋面上的程度差不多。

3. 将碗取出，把肉末铺在蛋面上，再撒上白芝麻即可。

　　油润光亮，味浓香醇，软烂可口。

 生蒸猪蹄

〔主材料〕

净猪蹄800克

[调味料]

葱段、姜片各、绍酒、酱油、白糖、八角、肉桂、味精、芝麻油各适量。

● 做法

1. 将猪蹄刮洗干净，斩成块。猪蹄块下入沸水锅中焯透捞出。

2. 沙锅用竹算垫底，放入八角、肉桂、猪蹄。

3. 放入葱，姜、绍酒、酱油、白糖，加入清水蒸3小时左右，至肉烂汤浓时，加味精，淋入芝麻油，装碗即成。

　　一般人都能食用。儿童、痛风病患者不宜食用。

 蒜茸粉丝蒸元贝

〔主材料〕

元贝300克

[调味料]

蒜蓉、粉丝、香葱各适量。

● 做法

1. 把元贝洗干净待用。

2. 粉丝用热水泡开。把蒜蓉切碎，炸至金黄。把盐、糖、油和蒜蓉一起搅匀待用。把粉丝放到元贝上。

3. 把调好味的蒜蓉放到元贝和粉丝的上面。放入锅中，大火蒸8分钟即可。

蒜茸蒸活虾

〔主材料〕

北极虾300克，水发粉丝100克

〔调味料〕

香葱花10克，蒜茸80克，食盐2克，味精1克，鸡精1克，芝麻油6克，食用油10克，鸡汤20克。

● 做法

1. 北极虾解冻去壳留尾部，从虾是背部将虾片开，尾部相连。

2. 水发粉丝放在盘中垫底，把虾放在粉丝上，尾部朝上，将调味料拌匀淋在虾肉上，入笼用旺火蒸5分钟出笼，撒上香葱花即成。

小提示

北极虾的味道鲜美，口感咸鲜微甜，蒜香味浓郁。

蒜香蒸排骨

〔主材料〕

小排骨300克

〔调味料〕

辣椒、蒜仁、盐、味精、砂糖、太白粉、水、米酒、蚝油、沙拉油、香油各适量。

● 做法

1. 排骨剁小块，冲洗去血水后捞起，沥干水份备用。辣椒切细；蒜仁切末，以大碗盛装，备用。

2. 热锅，倒入沙拉油，将沙拉油烧热至油温约180℃，冲入蒜末中成蒜油备用。

3. 将排骨块倒入大盆中，加入所有调料及辣椒细，充分搅拌均匀至水份被排骨块吸收。放入蒸笼以大火蒸约20分钟即可。

小提示

据分析，米酒营养成分与黄酒相近，乙醇含量低。但是可为人体提供的热量比啤酒、葡萄酒都高出很多倍。

清蒸扇贝

〔主材料〕

活扇贝10个

〔调味料〕

鸡汤50克，料酒5克，盐2克，鸡精3克，葱、姜各5克，淀粉5克。

● 做法

1. 把扇贝内的内脏等污物去掉，留月牙形的肉，清洗干净后码放在贝壳中。葱、姜洗净用刀略拍。

2. 将扇贝放入蒸锅内，用大火蒸5分钟取出，控干水分。

3. 炒锅内放鸡汤，加入料酒、盐、鸡精、葱姜，把汤烧开后去掉葱姜。淀粉溶于5克水中，制成水淀粉，淋入锅内把汤收浓，浇在扇贝的肉上即可食用。

小提示

适宜肤色没有光华，失去红润、手脚冰冷的人群。铁的含量高，吸收好。

泰式蒸鱼

〔主材料〕

鲜鱼1条

［调味料］

蕃茄、柠檬、蒜末、香菜、辣椒、鱼露、白醋、盐、细糖各适量。

● 做法

1. 鲜鱼处理好洗净后，在鱼身两侧各划2刀，划深至骨头处，但不切断，置於盘上柠檬榨汁；蕃茄切丁；香菜、辣椒切碎，备用。

2. 蒜末与柠檬汁、蕃茄丁、香菜碎、辣椒碎及所有调味料一起拌匀后，淋至鲜鱼上。

3. 电锅外锅加入1/2杯水，放入蒸架后，将鲜鱼置放架上，盖上锅盖，按下开关，蒸至开关跳起即可。

小提示

鱼露富含多种氨基酸与呈味性肽含，氮量高，有鲜味和浓厚的美味。

土豆蒸咸肉

〔主材料〕

咸肉200克

［调味料］

土豆、生姜、酒各适量。

● 做法

1. 土豆切片，于盘底铺好，上面放咸肉片，再放生姜丝，加入酒少许，蒸20分钟即可。

小提示

马铃薯的营养价值很高，含有丰富的维生素A和维生素C以及矿物质。

豆豉蒸腊青鱼

〔主材料〕

腊青鱼一块

［调味料］

豆豉一大勺、干红椒一把，茶油、鸡精少许。

● 做法

1. 将腊青鱼用温水清洗干净再斩成宽条，干红椒切粗段，豆豉清洗干净。

2. 坐锅烧茶油，油冒烟后倒入腊青鱼炸香，夹出摆到盆子里。

3. 锅内余油爆香豆豉和干椒段，盖到炸好的腊青鱼上面，淋小半碗水；放入蒸锅大火蒸半小时，撒鸡精拌匀即可。

小提示

脾胃蕴热者不宜食用，瘙痒性皮肤病、内热、荨麻疹、癣病者应忌食。

文蛤蒸蛋

〔主材料〕

文蛤200克

〔调味料〕

鸡蛋、生抽、盐、油、黄酒、小葱、枸杞各适量。

● 做法

1. 选择带荚之鲜蚕豆，去壳，焯至熟透，沥干水分，放入大碗中；冬笋去壳，煲约20分钟后，切粒，放入蚕豆上；冬菇浸软，去蒂，一切为四份，加少许盐、糖、油拌匀，隔水蒸15分钟；甘笋余水。

2. 调味料混合备用。把蚕豆、冬笋、冬菇、甘笋同拌匀，加入调味料再拌匀，上碟。

 小提示

如果先用滤网滤去蛋汁的杂质，再刮掉表面的小水泡，蒸出的蛋会更美观，而且质地细嫩。

虾酱蒸五花肉

〔主材料〕

猪五花肉300克

〔调味料〕

生姜、小葱、李锦记虾酱、味精各适量。

● 做法

1. 将五花肉过水洗净放水煮至熟透放凉去皮，将肉切成薄片放虾酱、味精捏匀铺在盘上。

2. 小葱切为葱花备用，姜去皮切为细丝铺于肉片上入蒸笼大火蒸20分钟，将葱花撒在肉片上供食。

小提示

猪肉含有丰富的优质蛋白质，并提供血红素和促进铁吸收的半胱氨酸，能改善缺铁性贫血。

香菇蒸鸡

〔主材料〕

鸡肉250克

〔调味料〕

水发香菇30克，红枣10枚，精盐、料酒、味精、酱油、白糖、葱丝、姜丝、湿淀粉、清汤、麻油各适量。

● 做法

1. 把鸡肉洗净，切成长片。红枣洗净，去核，切成4块。香菇洗净，切成丝。

2. 把鸡肉、香菇、红枣放入碗内，加入酱油、精盐、白糖、味精、葱、姜、料酒、清汤、湿淀粉抓匀，上笼蒸至熟时取出，用筷子拨开推入平盘，淋入麻油即成。

小提示

做这道菜，不建议大家将鸡腿肉换成鸡胸肉，口感会差很多。

腊肉荷叶蒸饭

〔主材料〕

熟米饭1碗半

［调味料］

香菇肉碎和虾仁分别炒熟，熟腊肠片，煎蛋丝（1只），葱花、干荷叶1张洗净浸软。

● 做法

1. 米饭置1大碗里，加入半匙食油、1小匙味精和半匙生抽拌匀。

2. 把熟肉料和葱花加入米饭同捞匀。将肉料米饭包入荷叶，尽量堆方砖形，便于包裹。

3. 包成包裹状，收好口。放入蒸笼隔水蒸20分钟即可。

鲞蒸千刀肉

〔主材料〕

猪肉100克，蒜苔150克

［调味料］

花生、辣椒、花椒、葱、姜、酱油、料酒、盐各适量。

● 做法

1. 蒜苔洗净，切小段，青辣椒切丝待用，肉切成细丁或肉磨更好放入料酒俺一会。

2. 锅中油7成热，放入花椒大料，然后再将葱，姜放入油锅内爆香。

3. 放入肉磨炒至六成熟，放蒜苔翻炒一下，依次放入花生，青辣椒，以及配料翻炒。

小笼粉蒸肉

〔主材料〕

牛腩肉200克

［调味料］

五香米粉、姜、小葱、干荷叶、盐、黑胡椒粉、食用油、老抽、砂糖、蚝油各适量。

● 做法

1. 牛肉洗净，切成薄肉片，姜切成尽量细的末，小葱切葱花。牛肉放入碗中，加入姜末以及除了清水之外的所有调料，搅拌均匀，等待腌制入味。

2. 将米粉倒入碗中，加入清水，与牛肉一起拌匀。将泡软的荷叶铺在蒸格中，将拌好的米粉牛肉均匀的铺在荷叶上。将蒸格上锅，锅底添足水，开火，大火猛蒸30分钟即可。

黄芪蒸鹌鹑

〔主材料〕

鹌鹑肉500克

〔调味料〕

黄芪10克，姜5克，大葱8克，胡椒粉1克，盐1克。

● 做法

1. 将鹌鹑斩杀后去爪，冲洗干净，再入沸水焯约1分钟左右捞出待用。

2. 黄芪用湿布擦净，切成薄片，分两份夹鹌鹑腹中，再把鹌鹑放在蒸碗内，注入清汤250毫升，用湿绵纸封口，上笼蒸约30分钟即可。

3. 取出鹌鹑，揭去纸，滗出汁，加食盐、胡椒粉调好味，再将鹌鹑翻在汤碗内，灌入原汁即成。

小提示

胡椒粉的主要成分是胡椒碱，也含有一点量的芳香油、粗蛋白、粗脂肪及可溶性氮，能祛腥、助消化。

腊味合蒸

〔主材料〕

猪肉、鸡肉、鲤鱼各100克

〔调味料〕

熟猪油、白糖、肉清汤、味精各适量。

● 做法

1. 将腊肉、腊鸡、腊鱼用温水洗净，盛入钵瓦内上笼蒸熟取出。腊鸡去骨，腊肉去皮，腊鱼去鳞；腊肉切4厘米长、0.7厘米厚的片，腊鸡、腊鱼切成大小略同的条。

2. 取瓷菜碗一只，将腊肉、腊鸡、腊鱼分别皮朝下整齐排放碗内，再放入熟猪油、白糖和调好味的肉清汤上笼蒸烂，取出翻扣在大瓷盘中即成。

小提示

鲤鱼的蛋白质不但含量高，而且质量也佳，人体消化吸收率可达96%。

蒸藕饼

〔主材料〕

泡菜200克

〔调味料〕

莲藕、虾米、猪肉、盐、生粉各适量。

● 做法

1. 碗里放两调羹面粉打一个鸡蛋再少许加点水调和，把泡菜切成菜末，倒入碗内和面粉拌匀。

2. 开火、热锅倒入油，无须等油烧的很开，讲面糊到入锅中，用锅铲轻轻抹成你想要的形状，等快好的时候撒上葱花，稍后马上关火。

小提示

莲藕生用性寒，有清热凉血作用，可用来治疗热性病症。

蒸　肉

〔主材料〕

新鲜肉300克

［调味料］

玉米面、南瓜、土豆、炸辣椒各适量。

● 做法

1. 首先就是准备必备的材料：玉米面、新鲜肉、南瓜、土豆、炸辣椒少许。

2. 然后用大的容器把这些材料及一些调味品放在一块搅拌直到全部均匀色调接近中性色。

3. 然后把做好的蒸肉盛进土家蒸肉的专用蒸格并放于锅里煮，约半个小时见蒸格有大气冒出即可食用。

小提示

　　玉米中含有大量的卵磷脂、亚油酸、谷物醇、维生素E、纤维素等。

 姜葱蒸田鸡

〔主材料〕

鲜田鸡150克

［调味料］

虾米10克，生姜、葱、盐、绍酒、麻油、味精、胡椒粉、湿生粉各适量。

● 做法

1. 鲜田鸡条洗干净砍成块，虾米泡透，生姜去皮切小片，葱切段。

2. 砍好的田鸡调入盐、味精、绍酒、生姜、葱、湿生粉拌匀，摆入碟内，撒上干虾米。

3. 蒸锅烧开，把摆好的田鸡放入蒸锅内，用旺火蒸7分钟拿出，撒上胡椒粉，淋上麻油即可。

小提示

　　中老年人、孕妇、心血管病患者、肾虚阳痿、男性不育症、腰脚无力之人尤其适合食用。

 蒜蓉蒸虾

〔主材料〕

活虾200克

［调味料］

粉丝、豆豉、蒜头、尖椒、盐、料酒、生抽、白糖、色拉油各适量。

● 做法

1. 取一盘子，将烫过的粉丝垫底，码放腌制好的虾球。放蒜沫及炒香的豆豉碎。

2. 蒸锅做水，待水开后放入码盘的虾球，大火蒸5分钟即可。

3. 趁热取出，再撒尖椒沫，淋生抽和白糖，把色拉油烧十分热浇在上面即可。

小提示

　　大蒜能保护肝脏，同时大蒜中的锗和硒等元素还有良好的抑制癌瘤或抗癌作用。

香菇蒸鸡翅

〔主材料〕

鸡翅250克

[调味料]

香菇25克，料酒、胡椒粉、生抽、盐、姜、葱各适量。

● 做法

1. 将鸡翅洗净，切开，料酒，胡椒粉，生抽，盐拌好。

2. 香菇用水发开，切丝后拌到调味后的鸡翅里。放上姜丝，上锅隔水蒸。

3. 沸水 15 分钟即可蒸熟，拿出撒上葱花。

 小提示

　　鸡翅含有多量可强健血管及皮肤的成胶原及弹性蛋白等。

咸肉蒸百叶

〔主材料〕

薄百叶100克、咸肉150克

[调味料]

火腿、毛豆仁、盐、黄酒、味精、胡椒粉、葱段、姜片、鸡精、清汤各适量。

● 做法

1. 咸肉、火腿洗净放碗中，加葱、姜、酒，上笼蒸熟后取出。

2. 百叶焯水后，沥干水分后叠起排齐，切成三角块，整齐地围在瓷盘的周围；咸肉切成片，整齐地围在百叶上；毛豆仁放在百叶的外圈，火腿切丝放中央，肉上再撒些胡椒粉。

3. 将咸肉、火腿蒸出的汁，潷入碗中，加酒、盐、味精、鸡精、清汤、清油，调匀后浇在咸肉百叶上，上笼蒸 10 分钟取出即成。

 小提示

　　生姜味辛、性微温，入脾、胃、肺经。

蒸血肠

〔主材料〕

猪血肠200克

[调味料]

姜蒜末、酱油、少许盐、花椒面、鸡精、料酒、香菜末、香油各适量。

● 做法

1. 猪血肠简单的冲洗干净，用快刀切厚一点的片。码在盘子里，切姜蒜末。

2. 取一个碗，里面放入酱油、少许盐、花椒面、鸡精、料酒调匀。

3. 烧开水后把盘子放入笼屉上，把调好的汁浇在血肠上，大火蒸三分钟。取出后撒香菜末、淋上少许香油。

 小提示

　　一般人都可食用，尤适宜体质虚弱、气血不足、营养不良之人食用。

蒸鱼丸

〔主材料〕

鱼茸2大匙，胡萝卜、扁豆各1大匙

〔调味料〕

肉汤、酱油、淀粉、蛋清少许。

● 做法

1. 将鱼茸加入淀粉和蛋清搅拌均匀并做成鱼丸子，然后把鱼丸子放在容器中蒸。

2. 将胡萝卜切成小方块，扁豆切成细丝，放入肉汤中，加少许酱油煮，将菜煮熟后加入淀粉勾芡，浇在蒸熟的鱼丸子上。

蒸　　鱼

〔主材料〕

鲤鱼1条

〔调味料〕

青笋半根、老姜、茸、葱、料酒、香油、生抽、盐、味精、鸡精各适量。

● 做法

1. 姜片、葱段、料酒、盐抹满鱼身腌汁15分钟以上。在鱼碗中加汤或水，放入沸水蒸锅中蒸15分钟。

2. 取出后将鱼碗中的汤倒入炒锅中烧沸。放入青笋丝、鸡精煮两分钟。

3. 起锅淋入鱼上，滴上香油即可食用。喜欢蘸料的话，在姜茸中放入生抽即可。

金瓜蒸排骨

〔主材料〕

特级猪肋排200克

〔调味料〕

板栗、南瓜、香菜、盐、生抽、料酒、白糖、生粉、油、鸡粉、姜丝、油各适量。

● 做法

1. 洗净板栗南瓜，做成南瓜盅。 排骨洗净，斩成小块，加腌料抓匀，腌制30分钟入味。烧开锅内的水，放入板栗南瓜盅，加盖开大火隔水清蒸10分钟取出，倒出盅内的水。

2. 取一平底锅，烧热2汤匙油，放入腌好的排骨，以中小火煎至微黄色。往南瓜盅内，塞入煎好的排骨。烧开锅内的水，放入排骨南瓜盅，加盖开大火隔水清蒸30分钟。取出蒸好的排骨南瓜盅，摆入香菜叶作点缀，即可上桌。

清蒸东星斑

〔主材料〕

净东星斑750克

[调味料]

鱼蓉、荸荠、肥膘肉、虫寻黄、蛋清、干葱、红辣椒、芥菜各适量。

● 做法

1. 荸荠、肥膘肉切细丝，芥菜切小菱形，鱼蓉加入荸荠丝、肥膘丝调和均匀待用。
2. 鱼剁去头尾，将两边鱼肉取出，斜切，将鱼肉片薄片至鱼皮处，逐片用蛋清、味精、淀粉上浆，加鱼蓉逐片做成相连鱼卷，虫寻黄、芥菜装饰置于鱼卷上，上笼蒸至熟透取出。
3. 红辣椒、蒜头切末，干葱切片后，干葱下油锅炸至金黄色捞出待用。油锅留少许油，下辣椒、蒜末略煸，加入上汤、精盐、味精、白醋，勾薄芡，淋在鱼卷上，撒上干葱即可。

小提示

荸荠不仅可以促进人体代谢，还具有一定的抑菌功效。

雪豆蒸猪手

〔主材料〕

猪蹄1个

[调味料]

雪豆、料酒、姜、盐各适量。

● 做法

1. 猪蹄切成大块，洗净后用料酒先腌制十分钟，雪豆要提前一天泡透。
2. 锅里烧开水，加两片姜，把猪蹄放进去略煮一会，捞出用冷水冲洗。
3. 把焯过的猪蹄、泡透的雪豆以及几片姜，再适当加盐调味，一起放进蒸锅里，加适量水蒸2个小时即可。

小提示

患有动脉硬化、高血脂、高血压、冠心病和肥胖症者，不宜多吃。

板栗扣鸭

〔主材料〕

鸭半只

[调味料]

栗子、甜面酱一汤匙、柱候酱一汤匙，八角、姜、蒜、葱、胡椒粉、糖、料酒、生粉。

● 做法

1. 栗子煮一会去皮，红辣椒切块，姜切片，蒜拍烂，大葱切大段，鸭子洗净，抹干水分，斩件待用。
2. 锅烧热放油，爆炒鸭肉，捞出，再爆香姜、蒜、大葱，小火爆甜面酱、柱候酱，放糖炒一会；转大火，放鸭肉、料酒扁炒，放鸡粉，加清水淹没鸭肉，小火煮25分钟，大葱夹出来丢掉，放栗子煮25分钟，大火收汁放辣椒块，生粉水勾芡，洒胡椒粉、香菜、葱段炒匀即可。

小提示

栗子难以消化，不宜多食，否则会引起胃脘饱胀。

潮州生炒鸭

〔主材料〕

鸭肉125克，竹笋125克

〔调味料〕

葱10克，大蒜3克，姜2克，淀粉8克，黄酒10克，胡椒粉1克，香油1克。

● 做法

1. 竹笋净切成薄片；大蒜洗净剁成蒜茸；姜切成姜末；淀粉调成湿淀；将鸭肉切片用湿淀粉拌匀，再将笋片滚过，抓干水分。

2. 烧锅放油500克，待油烧至4成热，把鸭片放入拉油至仅熟，倾在笊篱里，利用锅中余油，将葱、蒜茸、笋片、鸭片放在锅中，溅入绍酒，用芡汤40毫升、胡椒粉、湿淀粉7.5克调匀为芡，加上包尾油5克,麻油炒匀上碟便成。

小 提 示

鲜笋存放时不要剥壳，否则会失去清香味。

虫草花炖老鸭

〔主材料〕

水鸭1只

〔调味料〕

虫草花40克，姜3片，盐适量。

● 做法

1. 虫草花用水稍冲。

2. 洗净宰好的水鸭，斩块，氽水去腥捞起。

3. 煮沸瓦煲里的清水，放入所有材料，武火煮沸，转中小火煲两个小时，下盐调味，即可食用。

小 提 示

适用于易疲劳、易感冒、过肥过瘦、体弱、免疫力低者。

蛋黄鸭卷

〔主材料〕

鸭1只、蛋黄10个

〔调味料〕

盐、味精、鸡粉、胡椒粉、料酒、二锅头酒、葱段、姜片。

● 做法

1. 将鸭子掏去内脏，从背部开刀剔掉骨头洗净并控去水分，然后加精盐、味精、鸡粉、胡椒粉、料酒、二锅头酒、葱段、姜片腌制3小时。

2. 把腌制好的鸭肉平铺案上，中间夹上蛋黄，然后卷成卷用纱布扎好，上笼蒸熟，晾凉后去掉纱布切片装盘上桌即可食用。

小 提 示

鸭肉中的脂肪酸熔点低，易于消化。

豆筋鸭丝

〔主材料〕

豆筋棍6支，鸭肉100克

〔调味料〕

姜、大葱、八角、桂皮、花椒、盐、味精、糖、料酒、酱油、干海椒各适量。

● 做法

1. 提前2小时把豆筋棍掰成小段，用温水泡软。
2. 用开水抄一下鸭肉，切丝。
3. 烧热油，开小火，把糖放锅里炒化开，等糖变色起泡就把抄好水的鸭丝放下去抄糖色了，放姜片、花椒、干海椒和香料，炒出香味后倒入少许料酒和酱油上色，加盐和葱，把豆筋棍也放入，加点水，关小火慢慢煮30分钟，收好汁就可以起锅装盘了。

鲜嫩爽口，开胃健脾，醒酒提神，汤美适口。

红汤软烧鸭肉

〔主材料〕

鸭肉250克

〔调味料〕

西红柿、胡萝卜、土豆各适量。

● 做法

1. 葱、姜、蒜炝锅；胡萝卜切丝过油翻炒；胡萝卜炒至金黄色，放入西红柿同炒，为防止太酸可以放一些糖。
2. 放入少量的盐，把西红柿炒至粘稠状；放入土豆，倒入适量的水。
3. 待第一次开锅时放入鸭肉，炖20分钟；20分钟後放入适量的盐，撒入味精即可出锅。

色泽红亮，泡椒味浓，略带酸甜。

鸡肉大枣煲汤

〔主材料〕

鸡肉300克，猪瘦肉150克

〔调味料〕

大枣、荸荠、鸡蛋清、鸡汤、黄酒、盐、味精、姜、葱各10克。

● 做法

1. 鸡肉洗净切块，荸荠去皮煮熟，与猪瘦肉一同剁成肉馅；葱、姜均切成末，加入鸡蛋清、精盐、黄酒、味精，搅打均匀涂在鸡肉块上。
2. 汤锅加清水，烧沸后，放鸡块煮透，捞出洗净放碗内，加入黄酒、精盐、味精、鸡汤，上屉蒸1个小时左右，至熟透取出放入黄酒、精盐、味精、大枣，调好口味，汤烧沸后，撇去浮沫，盛入大汤碗内即成。

健脾补血，滋阴养血。

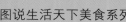

酱爆鸭片

〔主材料〕

鸭1000克

[调味料]

大葱200克，黄瓜150克，料酒10克。

● 做法

1. 将鸭子宰杀洗净去骨，片成大薄片；大葱和黄瓜切成4厘米长的段。

2. 炒锅置火上，下入适量油，将片好的鸭片煸透，倒入漏勺内净油分；锅中留底油，下入甜面酱炒透，烹入少许料酒，再倒入鸭片炒拌均匀即成。

3. 将爆鸭上桌时，随配大葱头、黄瓜条和薄饼，烧饼。

小提示

　　医学界认为，葱有降低胆固醇和预防呼吸道和肠道传染病的作用，经常吃葱还有一定的健脑作用。

酱鸭舌

〔主材料〕

干鸭舌1000克、卤水300克

[调味料]

老抽、绍酒、味精、白糖各适量。

● 做法

1. 酱鸭舌剪去须，放入盘中，然后把鸭舌上笼蒸十分中取出。

2. 炒锅上火，放入卤水、白糖、味精、酱油翻炒，将卤汁炒匀后放入鸭舌翻炒，鸭舌炒匀后，收汁出盘即可。

小提示

　　酱香浓郁，甜咸嫩脆。

啤酒鸭

〔主材料〕

肉鸭500克

[调味料]

甜豆5克，鲜辣椒5克，姜、蒜、八角2粒，桂皮、丁香、啤酒、酱油、盐各适量。

● 做法

1. 先将鸭肉洗净，再剁成6公分的大方块，甜豆撕去两头纤丝，姜块切成片，蒜头用刀拍拍，辣椒切成丝。用油起镬，先将鸭块炒出油来，然后加入姜片、八角、桂皮、丁香、蒜头，把这些炒出香味，这时加入啤酒和高汤，等它烧开了，再加入盐、白糖、酱油。

2. 调好味道之后就改成小火，焖它30分钟，再加入甜豆、辣椒丝，撒上点胡椒粉，稍微勾芡，出镬，盛盘上桌。

小提示

　　鸭肉中含有较为丰富的烟酸，它是构成体内两种重要辅酶的成分之一，对心肌梗死等心脏疾病患者有保护作用。

蒜香鸭

〔主材料〕

鸭胸脯肉300克、大蒜50克

〔调味料〕

八角2克，大葱5克，料酒10克，醋3克，白砂糖2克，盐4克。

● 做法

1. 将鸭胸脯肉洗净切成块，葱洗净切成段。

2. 坐锅点火放油，油温至四成热时倒入蒜瓣，炸出蒜香后放入鸭块再一起炸至九成熟，捞出控干油分；锅内留余油，油热后放入八角炸出香味，再倒入炸好的蒜瓣、鸭块、料酒、酱油、醋、白糖、高汤、葱段，炖10分钟后加入精盐，鸡精出锅即可。

小提示

炖肉时，肉下锅就放入八角，它的香味可充分水解溶入肉内，使肉味更加醇香。

西柠软鸭

〔主材料〕

鸭肉1只，柠檬1个、上汤100克

〔调味料〕

味精、盐、麻油、胡椒粉、生粉、净蛋、酒、糖、苏打粉、白醋各适量。

● 做法

1. 鸭肉切片，放入苏打粉、味精、盐、酒腌制15分钟，加净蛋、湿粉拌匀，再上干生粉铺平在碟中待用。

2. 猛火烧油至七成滚，用慢火半煎半炸至两面金黄色并熟，捞起去油，接着放酒、上汤、味精、盐、麻油、胡椒粉、西柠檬汁、白醋、糖，最后调入湿粉拌匀，加尾油淋在切好的鸭面上，再放上几片柠檬。

小提示

掌握火候，不要把鸭子煎糊了。

鸭肉炒豆角

〔主材料〕

鸭肉200克

〔调味料〕

豆角、尖椒、酱油、盐、鸡精各适量。

● 做法

1. 先将鸭肉用酱油腌一下，锅内油烧热后，加花椒炸香。

2. 然后倒入鸭肉翻炒变色后放入葱姜蒜炒香，加入切好的豆角、盐、酱油翻炒，豆角快炒好时放入尖椒，鸡精即可。

小提示

辣椒含有丰富的维生素 C，可以控制心脏病及冠状动脉硬化，降低胆固醇。

 盐水鸭肝

〔主材料〕

鸭肝400克

[调味料]

葱15克，姜10克，盐5克。

● 做法

1. 鸭肝洗净，锅中加清水烧开，下葱、姜、花椒包稍煮一会。

2. 放进鸭肝、盐、酒，煮至八成熟捞出；原汤过滤倒入盛器，把鸭肝浸入。

3. 临食时，把鸭肝取出切片装盘，淋上原汤，即成。

小提示

煮鸭肝时，开锅后要马上关火，以免鸭肝老硬。

 一品焖鸭

〔主材料〕

鸭2000克

[调味料]

辣椒(红、尖)20克，盐4克，豆瓣酱15克，料酒25克，姜25克，大蒜50克。

● 做法

1. 子鸭斩成块状；生姜洗净，刮皮切丁；红椒去蒂、籽，切柳叶片；大蒜去衣洗净。

2. 炒锅置旺火上烧热，放熟猪油，先把大蒜炸香盛出，再把豆瓣下锅炒香，然后把鸭子入锅煸炒，待炒至断血水，加料酒、姜丁、红椒、酱油，加入肉汤350毫升，移至中火炖焖。待鸭肉炖至七成烂时，放大蒜，然后焖烂收稠汤汁，淋入香油，起锅。

小提示

一般人群均可食用，高血压患者、肾病患者应少食。

 炒青鱼干

〔主材料〕

青鱼干500克

[调味料]

洋葱、胡萝卜、姜片、蒜头(拍碎)、花生油、绍酒、盐、糖、鸡粉各适量。

● 做法

1. 将鱼干洗净，用清水泡浸一会备用。红萝卜、洋葱洗净，切丝备用。

2. 烧锅下油，爆香姜片、蒜头，下鱼干，倒入绍酒，大火翻炒至熟，放入胡萝卜、洋葱丝，下盐、糖、鸡粉调味炒匀，上碟便可。

小提示

青鱼中除含有丰富蛋白质、脂肪外，还含丰富的硒、碘等微量元素。

豆芽韭菜炒咸肉

〔主材料〕

咸肉50克、韭菜150克、豆芽50克

［调味料］

。

做法

1. 豆芽洗净，在沸水中焯一下放冷水浸泡，咸肉切成片，韭菜切段，美人椒切成丝。

2. 锅上火，倒入清水烧开下入咸肉汆水1分钟，捞出沥水；锅入花生油烧至五成热，倒入咸肉炸至发黄，捞出沥油。锅留底油，烧至三成热，下入蒜片、姜片、美人椒丝爆香，倒入咸肉、韭菜段炒匀，放入蒸鱼豉油、味精，撒上香油即可。

小提示

鲜香软嫩，酸辣爽口。

花菜猪脚

〔主材料〕

猪脚一个

［调味料］

豆豉酱、姜、蒜、生抽、糖各适量

做法

1. 猪脚先用少许香辣豆豉酱腌一会，热锅下油爆香姜、蒜片。煎猪脚，加少许生抽翻炒。

2. 豆豉酱用清水调开加入锅里，加少许糖，煮开后放后放入花菜，转中小火煮至收汁勾芡。

小提示

生抽适宜凉拌菜，颜色不重，显得清爽。

豆豉带鱼

〔主材料〕

带鱼1条

［调味料］

豆豉3两，料酒2匙，葱2棵，老姜、蒜适量。

做法

1. 锅中放油烧至六成热，下带鱼段用中大火炸。

2. 炸呈金黄色时捞出沥干油。

3. 将鱼段盛碗里，淋入料酒，再依次铺上豆豉、香辣豆豉酱、葱碎、姜片、蒜片，上沸水蒸锅中加盖，用大火蒸约一小时，将碗取出后，捡去姜蒜不要，上桌即食。

小提示

带鱼性温，味甘，具有暖胃、泽肤、补气、养血、健美以及强心补肾、消炎化痰、消除疲劳、提精养神之功效。

 豆芽炒牛肉片

〔主材料〕

牛肉100克，绿豆芽300克

〔调味料〕

姜、蒜、盐、白砂糖、酱油、淀粉。

● 做法

1. 牛肉切丝，绿豆芽掐头去尾，姜、蒜切末。

2. 将牛肉丝用少许盐、糖、酱油和淀粉抓拌均匀，略微腌制5分钟。

3. 起油锅，油热后放入姜、蒜末炒香，然后放入牛肉丝翻炒，待变色断生后，放入绿豆芽继续翻炒约2分钟。出锅前再用少许盐调味。

小提示

中医认为，绿豆芽性凉味甘，不仅能清暑热、解诸毒，还能利尿、消肿、滋阴壮阳。

番茄炖鲍鱼

〔主材料〕

番茄1个，鲍鱼1只

〔调味料〕

盐、花生油各适量。

● 做法

1. 番茄洗净，去皮，切小粒；鲍鱼刷去黑膜，去除内脏，切花刀。

2. 锅内加油烧热，下番茄炒至呈泥状，加入清水烧开，放入鲍鱼炖1分钟至熟，加盐调味，装入容器中。

小提示

养肝益气，生津健胃。

番茄培根卷

〔主材料〕

培根50克、小番茄100克

〔调味料〕

黑胡椒、孜然粉适量。

● 做法

1. 将黑胡椒碎、孜然粉均匀在撒在培根上，用培根将圣女果卷起，用牙签插紧。

2. 排入烤盘，入预热好的烤箱，230度，烤15分钟，（中途要翻个面）烤至表面稍有焦黄、吐油即成。

小提示

培根本身带咸味，用烤肉料时要多兑一些水。

番茄沙丁鱼

〔主材料〕

沙丁鱼200克

［调味料］

番茄、洋葱、蒜各适量。

● 做法

1. 沙丁鱼宰杀收拾干净，把西红柿去皮剁成番茄酱，加些白糖和盐备用。
2. 把收拾好的鱼在温油里稍微煸一下；闻到香味就可以出锅；锅里留些底油烧热加洋葱，蒜片煸香后加入刚做好的番茄酱。
3. 翻炒番茄酱直到西红柿的香味出来，加入煸好的沙丁鱼；稍稍加一点盐，改成微火炖15分钟就可以出锅了。

小提示

沙丁鱼富有惊人的营养价值，富含磷脂即OMEGA-3脂肪酸、蛋白质和钙。

 # 番茄鱼

〔主材料〕

番茄1个、鲤鱼或草鱼1条

［调味料］

盐、葱、姜片、黄酒、番茄酱各适量。

● 做法

1. 鱼切片，洗干净，水沥干，切些姜片进去，再倒上黄酒，加一点盐泡着，这样可以去腥。蒜头、姜切片，番茄切块。炒锅油热后，倒入蒜头和姜片煸香，倒入番茄块，盖锅盖上，小火炖一会，让番茄出汁，然后加盐，备用。
2. 汤锅加水煮沸，倒番茄酱，把刚炒好的番茄倒进去一起煮，放葱，煮开后小火炖到浓时，将腌好的鱼片倒到番茄汤里，大火煮一小会儿，鱼片变色后，小火煮5分钟即可。

小提示

鲤鱼的脂肪多为不饱和脂肪酸，能很好的降低胆固醇，可以防治动脉硬化、冠心病。

 # 番茄汁烩虾

〔主材料〕

大虾250克

［调味料］

番茄酱适量。

● 做法

1. 用剪刀将大虾的背部剪开，清水洗掉泥线，姜切丝，两茶匙番茄酱，加盐，糖和淀粉，加入适量的凉水，搅拌均匀。
2. 锅里放油，烧热后放入姜丝呛锅，然后放入大虾翻炒，将虾翻炒至两面都变红，倒入调和好的番茄汁，开中火焖一下，出锅即可。

小提示

现代医学研究证实，虾的营养价值极高，能增强人体的免疫力和性功能，补肾壮阳，抗早衰。

 干锅草鱼

〔主材料〕

草鱼1000克

[调味料]

料酒15克，生抽15克，老抽10克，蚝油20克，鸡精2克，盐6克。

● 做法

1. 将草鱼宰杀洗净，用料酒、生抽、老抽、蚝油、鸡精、盐腌2个小时。
2. 将姜和蒜放入砂锅里；将腌好的鱼放入姜、蒜的沙锅里。
3. 先用大火煮3分钟，后用中小火煮15分钟，放入干锅中加入豆瓣酱、红辣椒丁、葱花，点燃干锅，静等锅中物加热。

小提示

味咸鲜，肉细嫩，香气浓郁。

 干烧草鱼

〔主材料〕

草鱼1条

[调味料]

豆瓣、猪肉，盐、味精、白糖、黄酒、醋各适量。

● 做法

1. 草鱼，宰杀洗净。用刀在鱼身两侧剖十字花刀，深至鱼骨，放少许盐、黄酒腌上。
2. 锅中油烧七成熟时放鱼，煎炸至两面浅黄色时捞出，将余油烧热，把猪肉切小丁，下锅稍炒，放豆瓣辣酱煸炒，再放葱、姜、蒜丁，稍炒，倒入黄酒、酱油，就可加汤放鱼，烧开后加白糖、盐、味精，移至小火慢炖，鱼烧透时，出锅。鱼汤用小火慢熬，待鱼汁收稠时淋入明油、醋，浇在鱼上。

小提示

对于身体瘦弱、食欲不振的人来说，草鱼肉嫩而不腻，可以开胃、滋补。

 橄榄菜炒熏肉

〔主材料〕

橄榄菜150克、熏肉50克

[调味料]

油、盐、糖、蒜、淀粉各适量。

● 做法

1. 蒜拍碎，熏肉洗干净，切片，用糖、盐、花生油拌匀，再加少量淀粉拌匀，腌制30分钟。
2. 锅烧热，放油，烧至微热（四成热），把肉片放进去炒至颜色发白，盛起。
3. 继续烧热炒肉片剩下的油，放进蒜末，小火爆香。放进苦瓜转中火翻炒至苦瓜微微发软，即倒进炒好的肉片和苦瓜混合翻炒一分钟。加入橄榄菜翻炒均匀即可。

小提示

柔软青翠，酥烂入味，清香微咸甜。

橄榄炖角螺

〔主材料〕

角螺1500克，猪小排骨100克

〔调味料〕

橄榄5颗，盐3克。

● 做法

1. 打破角螺壳，挑出螺球，用盐拌匀，放至起泡后，再用清水洗去腥味。

2. 将角螺球在清水中约浸1小时后，同猪小排骨一起用沸水汆后，捞出，沥干。

3. 以猪小排骨垫为炖盅底，将角螺球置于其上。橄榄用刀拍扁后，也投入炖盅，加入适量沸水，隔水炖1个多小时后，加入盐，即可。

滋阴补气。主腰痛。

橄榄炖银肺

〔主材料〕

猪肺1个，猪小排骨200克

〔调味料〕

橄榄15～20颗，盐、香菜适量。

● 做法

1. 将一塑料小水管直接接入猪肺气管，打开水龙头，用慢水冲洗至无血秽为止。

2. 猪肺用沸水汆过后，洗净，同猪小排骨一起放进高压锅，加入适量清水，约煮压25分钟。3待凉取出，除去小排骨，把猪肺切成小片，连同原汁改装入炖盅，放入盐。

3. 橄榄洗净，用刀侧略为拍打后投下炖盅，隔水炖15分钟左右即成，食用前撒下香菜。

橄榄含蛋白质、脂肪、糖类、多量维生素C、钙、磷、铁等成分。

蒿菜带鱼

〔主材料〕

带鱼350克

〔调味料〕

茼蒿200克，盐3克，味精2克，大葱10克，姜5克，胡椒粉2克，香油10克。

● 做法

1. 将带鱼洗净，切成块。

2. 锅置火上，倒入色拉油烧热，将带鱼块倒入锅中，炸成双面呈金黄色捞出控油。

3. 锅中留油烧热，投入葱姜末爆锅，加入茼蒿、带鱼、鲜汤烧开;加精盐、味精、胡椒粉调成咸鲜微辣味，炖至软烂，点香油出锅，即可。

蓬蒿具有调胃健脾、降压补脑等效用。

红烧鲫鱼

〔主材料〕

鲫鱼1条

〔调味料〕

油、姜、蒜、八角、红椒、料酒、盐、面酱、白糖、葱、香菜、味精各适量。

● 做法

1. 鲫鱼宰杀洗净，沥水。锅热后，下油，油热后，下鱼转小火煎；正反面煎成金黄色盛出。

2. 用锅内剩油，爆香姜蒜、八角、红椒，淋入料酒，下鱼，加开水刚刚没过鱼身，用中火炖。

3. 汤汁收过半时，加适量盐、面酱、白糖，继续炖制，待汤汁基本收干，加味精和葱丝、香菜末出锅即可。

小提示

鲫鱼不可同鸡、羊、狗、鹿肉同食，食之易生热，阳盛之体和素有内热者食之则不宜。

菜心炖猪肺

〔主材料〕

青菜心6个，猪肺350克

〔调味料〕

百合10克，南杏20克，陈皮1个（去囊），姜3片。

● 做法

1. 将猪肺处理清洗干净，放入沸水中煮5分钟焯下，洗净备用。

2. 将青菜心、猪肺、百合、南杏、陈皮放入炖盅，加入6碗沸水盖好炖盅盖（有条件可用玉蔻纸封好），猛火炖4小时即可。

小提示

主要以肺燥偏有痰火者更宜，咳痰清稀，大便溏烂婴儿不宜食用。

红薯粉炖土鸡

〔主材料〕

红薯粉条100克、土鸡1只

〔调味料〕

葱花、小香葱花、盐各适量。

● 做法

1. 土鸡剁块，洗净用凉水泡一个小时泡去血沫；泡好的土鸡放入高压锅，加葱、姜，少许盐，八角和没过骨头的水，上气后压45分钟。

2. 红薯粉条不需要泡开，若是散装的冲去表面浮尘即可；锅内烧热油炒香葱花，倒入煮好的土鸡和鸡汤，烧开后下粉条，转中小火炖半小时左右，出锅撒少许盐、小香葱花即可。

小提示

常吃红薯有助于维持人体的正常叶酸水平，体内叶酸含量过低会增加得癌症的风险。

胡萝卜煮牛肉

〔主材料〕

胡萝卜200克、自腱200克、

〔调味料〕

红枣8粒、姜2片、水1500毫升

● 做法

1. 将牛肉肋条切成大小适宜的块状，然后放入热水里慢煮。
2. 待肉煮一定的时间后，将肉捞出，盛油于铁锅中加热，放入姜、辣椒、大料等爆炒，加入适量的食盐，再进行爆炒，
3. 将牛肉倒如沙锅内，加适量的清水、姜，大火炖约20分钟，随后改文火慢炖，牛肉熟透后入切好的胡萝卜，再大火炖约10分钟。加入适量的盐，小火慢炖，约30分钟后加入鸡精、香菜和葱段，关火盖上盖子闷约5分钟即可。

小提示

牛腱一定要选择新鲜的，煮出来的汤味道才会鲜甜。

花菜鱼丁

〔主材料〕

黑木耳50克，鲜鱿鱼2条

〔调味料〕

红椒、香葱、姜、蒜各适量。

● 做法

1. 花菜一个掰小块洗干净，切成小朵焯沸水备用，鱿鱼洗干净切小丁，红辣椒一个切小段。

2. 葱姜蒜爆锅，下红葱蒜、辣椒爆香，放入鱿鱼丁，七分熟以后下花菜，翻炒加盐出锅即可。

小提示

木耳味甘，性平，具有很多药用功效。能益气强身，有活血效能。

黄豆芽焖蹄筋

〔主材料〕

牛蹄筋150克

〔调味料〕

黄豆芽、米酒、酱油、牛肉汤各适量。

● 做法

1. 牛蹄筋洗净后切成长条，放入开水锅中煮熟，捞出沥干水分。
2. 油烧热后倒入牛蹄过油后捞起沥干油。
3. 另外取锅上火，放入葱段煸香，放牛蹄筋、米酒、酱油、盐、牛肉汤，先用大火翻炒，再放入黄豆芽，焖至熟透，用湿淀粉10克（淀粉5克加水）勾芡，最后淋上香油装盘，食用前撒上白胡椒粉即可。

小提示

黄豆芽具有清热利湿、消肿除痹、祛黑痣、治疣赘、润肌肤的功效。

黄焖羊肉

〔主材料〕

羊肉250克

[调味料]

大葱、姜、豆瓣辣酱、大蒜、盐、八角、糖、红辣椒、味精、草豆蔻各适量。

● 做法

1. 将羊肉切成4厘米见方的块，放锅内炒3分钟，变红色时倒出；葱切段、姜切片。

2. 锅内放油烧热，放入辣豆酱，炒香后添入羊肉汤、精盐、八角、草豆蔻、干辣椒、白糖、蒜、葱、姜、羊肉块，调好口味，用中火焖烂，放味精，出锅即可。

小提示

口味香酥，肥而不腻。

玉竹炖乳鸽

〔主材料〕

乳鸽1只、玉竹10克

[调味料]

莲子、山药、桂圆少许，姜5克、盐5克。

● 做法

1. 乳鸽剥净，斩去脚爪，放在沸水中烫片刻；莲子用清水浸透去皮。

2. 先将莲子放入炖盅内，放上乳鸽，铺上姜片，其后放入玉竹10克、莲子、山药、桂圆、姜5克、盐5克，注入适量沸水，盖上盅盖，隔水约炖三小时左右，原盅上席。

小提示

适用中、老年糖尿病人，多食善饥、消瘦乏力者。

炸带鱼

〔主材料〕

带鱼500克

[调味料]

面粉、蛋清、花生油、大葱、姜、胡椒粉、盐、酱油、料酒、味精、椒盐各适量。

● 做法

1. 带鱼剖腹取出内脏洗净，切成段，放在碗中加葱花、姜末、胡椒粉、盐、料酒和酱油抓匀，腌渍入味，面粉、水、蛋清和成面糊，放入带鱼。

2. 锅加入花生油烧至八成熟时，投入鱼段，炸半分钟至1分钟，鱼段呈黄色并浮出油面时，用漏勺捞起；锅内油温又升高至沸热时，再将鱼段回锅冲炸一下，待外皮炸至香脆时捞出，控净余油，装在盘内，食时蘸花椒盐。

小提示

带鱼忌用牛油、羊油煎炸；不可与甘草、荆芥同食。

芋芴砂锅仔排

〔主材料〕

猪排200克、芋头100克、木耳50克

〔调味料〕

料酒、耗油、鸡精、白胡椒、盐各适量。

● 做法

1. 猪排斩成小块；小芋芴去皮洗净切块，猪排冷水下锅，煮开后捞出沥干。

2. 炒锅入油，烧至七成热，入排骨、料酒煸炒片刻，文火慢煎6分钟，将猪排倒入砂锅，烧至七成热，放入盐1茶匙、蚝油搅拌均匀；加入芋芴、排骨、木耳慢煲20～30分钟，出锅前加入鸡精、白胡椒粉搅拌均匀，撒上香葱末即可。

小提示

芋芴含较多淀粉，一次不能多食，多食有滞气之弊，生食有微毒。

油炸泥鳅

〔主材料〕

泥鳅500克、鸡蛋2个，面粉25克、油800克

〔调味料〕

胡椒面、白酒、花椒盐、淀粉、精盐、味精各适量。

● 做法

1. 将活泥鳅放入凉水内，加盐水煨养30分钟，使活泥鳅吐净腹内杂物，捞出，放入开水内烫死，捞出切段，盆内加白酒、胡椒面、盐、味精拌匀腌20分钟，沾匀面粉待用。

2. 将鸡蛋磕入碗中，加淀粉、水少许搅匀成糊。放油烧至七成热时，将鱼段挂匀蛋粉糊，下勺，视表面稍硬时捞出磕散，待油温升高时再放入油内炸，呈金黄色时捞出，控净油，装盘。

小提示

泥鳅所含脂肪成分较低，胆固醇更少，属高蛋白低脂肪食品。

柚子皮烧麻鸭

〔主材料〕

麻鸭一只

〔调味料〕

柚子皮、酱油、盐、味精、白糖、花椒、八角、香叶、桂皮、干辣椒、葱姜蒜、高汤各适量。

● 做法

1. 鸭子斩块待用 柚子皮跟虾洗净。

2. 炒锅上入油烧六成热，下葱姜蒜煸香，再下鸭块、虾、加酱油煸五分钟，倒入高汤，下香料、干辣椒煮5分钟。

小提示

柚子皮的食用方法很多，为避免其味道苦涩，需先削去青黄的表皮，留中间柔软的白色海绵部分食用。

油淋芒果贝

〔主材料〕

芒果贝400克

〔调味料〕

干红辣椒3只，姜、香葱、海鲜酱、料酒、生抽。

● 做法

1. 芒果贝用清水静养半天，然后洗去泥沙沥干水分备用。香葱切段，老姜切片备用。

2. 热锅入油，油温至6成热时，放入姜片、香葱、干红辣椒煸炒出香味。然后放入芒果贝大火翻炒。

3. 炒至芒果贝微微张口，烹入料酒继续翻炒1分钟；加入海鲜酱、生抽和少许清水，翻炒均匀后继续炒至芒果贝完全开口，收汁。

小提示

有浓郁的鱼香味、海鲜味。

小白菜排骨汤

〔主材料〕

排骨250克 、小白菜300克

〔调味料〕

香菜3棵、水5碗 、姜3片、葱两条。

● 做法

1. 白菜洗净摘好;排骨斩成5厘米长的段,氽水,捞起待用;葱和香菜洗净，分别切3厘米长的段。

2. 烧热宽口瓦煲，下油，爆一下葱段和姜片，倒入排骨，加水，武火煮沸，转小火煲至排骨微烂，下小白菜，待菜熟加香菜，下盐调味即可食用。

小提示

小白菜性味甘平、微寒、无毒、具有清热解烦、利尿解毒的功效。

香糟带鱼

〔主材料〕

带鱼400克

〔调味料〕

白酒3克、香糟6克、大葱3克、 姜3克、色拉油50克。

● 做法

1. 先将带鱼去头，去鳞，去内脏，洗净，切成菱形块，在每块鱼中间切一刀，但不要断，洗净沥干，加入酒，葱，姜腌制5分钟左右。

2. 锅上火放入油烧沸，将带鱼投入炸至呈金黄色捞出，待冷却后浸入香糟卤中，浸泡10小时即可。

小提示

味鲜，糟香四溢，夏令食用尤佳。

虾仁番茄煲

〔主材料〕

虾15只、番茄6个

［调味料］

姜3～4片，蒜蓉、姜蓉、辣椒末、葱花、洋葱丁各少许。

● 做法

1. 半锅水加料酒、姜片烧开，放入虾仁烫15秒后捞起滤干备用。油烧热，放蒜蓉、姜蓉、辣椒末、葱花、洋葱丁爆香，清水、糖、盐烧煮至融合，加入虾仁烧1～2分钟，用太白粉水勾芡即可。

2. 番茄洗净切去蒂头，用挖球器将番茄中间的肉挖去，制成番茄盅；虾仁放入番茄盅。 炒锅加调味料烧开，加上淀粉勾芡，然后将汤汁倒入盅内，上笼蒸15分钟即成。

小提示

番茄具有减肥、消除疲劳、增进食欲、提高对蛋白质的消化、减少胃胀等功效。

土蒸青鱼段

〔主材料〕

青鱼1条

［调味料］

香菇、火腿、葱花、胡椒粉、味精、盐各适量。

● 做法

1. 将洗净的青鱼中段在其鱼身上剞牡丹花刀盛入盘中，撒上精盐、料酒腌渍。

2. 香菇去蒂洗净和熟火腿分别切成薄片，互相间隔着镶在鱼身的刀口中间，加葱结、姜块、盖上猪网油、入笼用旺火沸水蒸15分钟出笼，拣去姜块、葱结和猪网油。炒锅置旺火上，下猪油烧热。下排骨汤，滗出蒸鱼汤，放盐、味精烧沸，用水淀粉勾芡浇在鱼上面，撒上葱花、胡椒粉即成。

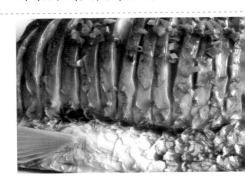

小提示

香菇含有水溶性鲜味物质，可用作食品调味品，其主要成分是5'-乌苷酸等核酸成分。

土豆牛肉

〔主材料〕

土豆500克、酱牛肉300克、番茄100克

［调味料］

洋葱、油、盐、味精、糖、酱油各适量。

● 做法

1. 土豆去皮切片，牛肉切薄片，番茄切片。

2. 热锅里放油，把土豆煎透，煎成金黄色，锅内留少许油，放八角、干辣椒、洋葱炒香，放入番茄，翻炒一会，放土豆和牛肉，放酱油、糖、盐、水。

3. 大火煮开后转中火，等汤差不多没有的时候加味精出锅。

小提示

马铃薯块茎水分多、脂肪少、单位体积的热量很低，所含的维生素C是苹果的4倍左右。

铁板鳝鱼

〔主材料〕

黄鳝1条

［调味料］

洋葱、姜、黄酒、黑胡椒、鸡汤各适量。

● 做法

1. 洋葱生姜爆香后，加入少许黄酒，把切好的黄鳝（去骨）在七成热油铁板上和洋葱生姜混在一起煸，加入黑胡椒，少许酱油，然后两面翻煸，至色变，加入少许糖、鸡汤，至鸡汤快干为止。

2. 黄鳝和青蛙龙虾同样有寄生虫，应多煸一会才安全。

小 提 示

身体虚弱、气血不足、风湿麻痹、四肢酸痛、糖尿病、动脉硬化等患者宜经常食用。

蒜仔带鱼

〔主材料〕

带鱼1条

［调味料］

蒜蓉适量。

● 做法

1. 带鱼切段，为防止煎的时候鱼皮会收缩，在鱼身上划几刀。

2. 锅里放油，油烧至冒烟时倒出，再重新把油倒到锅里，然后再放带鱼煎透，如此煎鱼可让鱼皮保持完整；带鱼煎透后取出。

3. 锅里放底油，下蒜蓉爆香，再把煎透的带鱼放到蒜蓉上，开小火，让带鱼尽量吸收蒜的香味，然后出锅摆盘。

小 提 示

大蒜中含硒较多，并且大蒜的抗氧化作用优于人参。因此适量吃些大蒜有助于减少辐射损伤。

清蒸乌骨鸡

〔主材料〕

乌鸡一只、香菇6个

［调味料］

火腿3片、海米30克，葱段、姜片、盐、胡椒粉、鸡粉或鲜汤适量。

● 做法

1. 把乌鸡洗净，斩成适当大小块，在沸水锅中焯去血沫后放入碗内；香菇用沸水泡软，去蒂后洗净；海米用沸水泡软，去杂质，洗净待用。

2. 碗中鸡块加香菇、海米、火腿、胡椒粉、盐、姜片、葱段。加入鲜汤约500毫升（也可用鸡粉加水），旺火蒸制1小时即可。

小 提 示

最好用现宰的乌鸡做；浸泡香菇和海米的水可以加入汤中；可另配蘸料蘸食乌鸡肉。

酒糟草鱼

〔主材料〕

草鱼1条

[调味料]

糯米、盐各适量。

做法

1. 腌鱼：把鱼分成两半，用盐涂抹在鱼片上，用绳把鱼穿好挂起来晾干，八成干就好，把鱼切成块状。

2. 做酒糟：把糯米洗净蒸熟，冷却三四个小时，用凉开水拌一定量的酒药，撒在蒸熟的糯米里，搅匀即可。

3. 取一只坛子，把做好的酒糟铺一层在低部，铺一层鱼块，这样循环铺满，封口，一个月后即可。

小提示

糯米含有蛋白质、脂肪、糖类、钙、铁、维生素B1、维生素B2、烟酸及淀粉等。

鳝鱼炒通菜

〔主材料〕

黄鳝片200克，通菜300克

[调味料]

蒜头15克，红椒丝，豆酱、虾酱、盐、胡椒粉、生抽、绍酒各适量。

做法

1. 鳝片切丝，通菜洗净，沥干水分备用；开锅下油，爆香蒜头、豆酱和虾酱，加入通菜翻炒片刻，取出沥干水分。

2. 再以蒜头爆炒鳝丝，加入盐、胡椒粉和红椒丝，溅少许绍酒，倒回通菜大火翻炒片刻，以盐、生抽调味即成。

小提示

肉质鲜美，营养丰富，兼有滋补强身之功效。

腊肉炒花菜

〔主材料〕

腊肉100克

[调味料]

花菜、青、红辣椒、酱油、鸡精各适量。

做法

1. 先将腊肉用温水清洗干净，然后切稍厚的片，加半碗水入蒸锅隔水蒸10分钟；青红椒切片，花菜切成小朵。

2. 将蒸好的腊肉连汤汁一起下锅烧开，接着下花菜一起烧几分钟，大火收汁，放辣椒片翻匀，淋酱油撒鸡精即可。

小提示

菜花质地细嫩，味甘鲜美，食后极易消化吸收。

腊鸭花菜锅仔

〔主材料〕

花菜150克、腊鸭腿1个

[调味料]

青椒、盐、料酒、鸡精各适量。

● 做法

1. 将花菜切成小块，洗净，捞出备用。
2. 腊鸭腿洗净，剁成块，备用。青椒去蒂去籽洗净，斜切成块，备用。
3. 烧锅倒油烧热，倒入腊鸭腿，加点料酒翻炒。接着，倒入花菜，翻炒一下，加适量的水焖煮一下，烧至花菜断生，然后，下入青椒，加点盐、鸡精翻炒至熟，放入锅仔加水，放酒精炉上即可。

小提示

料酒可以增加食物的香味，去腥解腻。

卤汁青鱼块

〔主材料〕

青鱼1条

[调味料]

盐、葱、姜、黄酒、味精各适量。

● 做法

1. 鲜汤倒入锅内，加盐、葱、姜块烧沸，冷却后倒入香糟中，搅拌均匀。用一个布袋，把糟汁倒进悬空吊起，用容器盛由布袋滤出的卤汁，加入黄酒、味精调匀，卤汁即成。
2. 将青鱼切块，用盐擦抹，腌6小时，再用香糟卤水涂抹在鱼肉上腌12小时后取出洗净；锅中加清水放置火上，放入腌好的鱼，加葱、姜烧沸，撇去浮沫后加入绍酒、精盐，然后盖上锅盖用微火煮10~15分钟，入盘。

小提示

黄酒酒精含量适中，味香浓郁，富含氨基酸等呈味物质。

马铃薯炖肉

〔主材料〕

马铃薯80克，胡萝卜40克，洋葱40克，猪瘦肉160克

[调味料]

葱段、酱油、糖、料酒、花生油各适量。

● 做法

1. 猪后腿瘦肉切成大块，加酱油1大匙、糖、料酒、洋葱先腌30分钟。
2. 放入花生油炒香洋葱，加入酱油5大匙、腌好的肉，再炒一会，放入焖烧锅内锅，并煮至滚，加入1碗水，煮滚5分钟，关火，放入焖烧锅焖30分钟。
3. 拿出内锅，继续至炉上开火，并加入马铃薯、胡萝卜煮滚，即熄火，放入焖烧锅焖10分钟即可食。

小提示

洋葱是一种很普通的廉价家常菜。其肉质柔嫩，汁多辣味淡，品质佳，适于生食。

养生粤菜

南瓜百合虾仁

〔主材料〕

南瓜150克、虾仁200克、百合10克

[调味料]

胡萝卜丁、鸡蛋清、盐、鸡粉、生粉、米酒、姜片各适量。

● 做法

1. 南瓜蒸熟，切碎块，百合入沸水焯熟，与南瓜一起搅拌均匀，成酱状。
2. 鲜虾去头尾，剥壳洗净沥干水，加入鸡蛋清、盐、鸡粉、生粉和米酒拌匀，腌制15分钟。
3. 烧热3汤匙油，爆香姜片和红萝卜丁，倒入腌好的虾仁，爆炒，倒入做好的南瓜百合酱，加一点水，翻炒至熟，浇入生粉水勾芡，即可出锅。

小提示

中医上讲鲜百合具有养心安神，润肺止咳的功效，对病后虚弱的人非常有益。

牛腩炖柿子

〔主材料〕

牛腩200克

[调味料]

西红柿、葫萝卜、黄酒、精盐、鸡精、葱、姜各适量。

● 做法

1. 牛腩用滚水烫过后，加水、黄酒、姜，入高压锅煮15至21分钟。

2. 西红柿、胡萝卜用油炒热炒。

3. 把牛腩、炒过的西红柿、胡萝卜放到高压锅内，一起煮15分钟。

小提示

柿饼具有涩肠、润肺、止血、和胃等功效。

泡椒带鱼

〔主材料〕

带鱼1条

[调味料]

豆腐、红辣椒、葱、姜、蒜、香菜、糖、醋各适量。

● 做法

1. 将带鱼洗净切成段，姜、葱、蒜拍烂后放入捣蒜容器中，加盐、料酒捣成泥，浇在带鱼上，腌制片刻。
2. 将豆腐切块，过水焯一下取出，坐锅倒油，将带鱼沾上一层生粉入锅中两面煎一下捞出。
3. 坐锅点火倒油，下红辣椒、葱、姜、蒜爆香，放入香菜根、泡椒煸炒，加少许醋、糖、盐，放入啤酒，紫苏叶，烧开后将带鱼、豆腐放入，烧入味加入彩椒块炒熟即可。

小提示

香菜能祛除肉类的腥膻味。

葡汁苹果鸡

〔主材料〕

鸡1只，苹果1个

[调味料]

八角、葱、糖各适量。

● 做法

1. 鸡洗净，用盐涂匀鸡肚及鸡皮，腌半小时，苹果加入半茶匙糖拌匀，把八角、葱、苹果放入鸡肚内；用锡纸工包着鸡翼中段及鸡翼尖，再倒上葡萄酒。

2. 把鸡放入微波炉的烧鸡盘中，盖上微波炉用保鲜纸或套上微波炉用的胶袋子，要留一孔让蒸汽水排出，用高热煮十五分钟至熟。取出待稍冷，鸡剁块放在苹果上，汁淋在鸡上。

小提示

溃疡性结肠炎的病人：溃疡性结肠炎的病人不宜生食苹果。

葡酒苹果烧牛肋条

〔主材料〕

牛肋条肉300克

[调味料]

苹果、葡萄酒、葱、姜、盐、胡椒粉、味精各适量。

● 做法

1. 将苹果去皮切块，牛肋条肉切成块，放入沸不锅内汆一下，撇净浮沫；捞至温水盆中洗去血沫，葱切段、姜切片。将锅置于旺火上，放入植物油烧热，将葱段、姜片和花椒煸炒出香味，加入牛肋条肉块、葡萄酒和少许澄清过的煮牛肋条肉块的汤烧沸。

2. 加入精盐和胡椒粉，调成咸鲜味，加入苹果块，再用小火炖至肉烂汁浓，撒入味精即可。

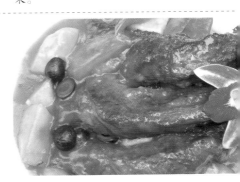

小提示

饮用葡萄酒有可能是会造成哮喘发作的。

芹菜炒鱿鱼

〔主材料〕

鱿鱼1只

[调味料]

芹菜、胡萝卜少许、盐、糖、水各适量。

● 做法

1. 将鱿鱼切块入沸水汆烫后捞出，芹菜切段，胡萝卜切丝。锅中放少许油，放入芹菜、胡萝卜丝翻炒片刻，加适量盐、糖、加少许水。

2. 放入鱿鱼块稍加翻炒，盖上锅盖30秒，即可装盘食用。

小提示

芹菜含酸性的降压成分，对兔、犬静脉注射有明显降压作用。

 青橄榄炖螺头

〔主材料〕

净海螺头400克

[调味料]

橄榄150克，姜5小片，鸡汤2000克，瘦肉、精盐、味精、胡椒粉、绍酒。

● 做法

1. 将海螺头洗去黑斑及杂物，洗净，将橄榄用刀拍破待用。

2. 将螺头和橄榄装入炖盅内（每人一份），各注入鸡汤、姜片、烫熟瘦肉和绍酒，加盖，用湿宣纸将盖子密封，然后上笼蒸90分钟左右，配上精盐、胡椒粉调味即成。

小 提 示

　　胡椒粉里含维生素A，维生素B2，维生素C，胡椒碱，挥发油，淀粉，铜，铁，锌，酮，醇，酶等。

 清炖番茄鲶鱼

〔主材料〕

鲶鱼1条

[调味料]

番茄、料酒、盐、味精、葱、黄酒各适量。

● 做法

1. 把鲶鱼片洗干净，水沥干，放盆里，切些姜片进去，再倒上料酒、盐、味精、黄酒，泡着。
2. 炒锅加多点油，油热后，倒入蒜和姜翻炒一下，闻到蒜香，再倒入番茄块，盖锅盖上，小火炖一会，加盐，备用。汤锅，加水煮沸，再倒番茄酱进去，加葱，煮开后再小火炖，汤炖到比较浓的时候，倒掉泡着的鱼片的黄酒和水分，将鱼片倒到番茄汤里，大火煮一小会儿，大部分鱼片变色后，开小火煮3、5分钟即可。

小 提 示

　　鲇鱼肉质细嫩，含有的蛋白质和脂肪较多，对体弱虚损、营养不良之人有较好的食疗作用。

 青椒焖沙鳖

〔主材料〕

沙鳖1只

[调味料]

青红椒、姜、啤酒、矿泉水、鸡汁各适量。

● 做法

1. 沙鳖宰杀冲去血水，改成大块状，青、红椒洗净，切圈。锅内入油、姜片煸香，猛火入沙鳖块翻炒干水份，加入啤酒，矿泉水适量，炖至熟烂。

2. 青、红椒入锅炒香加沙鳖块，烧开入鸡汁、盐、味精、香油即可（也可撒上点香椿）。

小 提 示

　　青椒与肉类同食，可以促进人体对营养的消化和吸收。

清炖鳝鱼

〔主材料〕

鳝鱼1条

[调味料]

醋、鸡汤、味精、精盐、姜末、胡椒粉、葱花、蒜瓣、淀粉各适量。

● 做法

1. 鳝鱼去内脏、骨刺、头尾，用清水洗净，切成段盛盘，用淀粉拌匀。
2. 锅内油烧至七成热，鳝鱼段下锅炸1分钟，呈金黄色时捞出，盛入炖钵内，加醋20克、鸡汤、味精、精盐、姜末、上笼蒸30分钟取出。另取炒锅油烧热后，起锅浇在鳝鱼上，炒锅内再下鸡汤、醋、精盐、味精、胡椒粉、葱花、蒜瓣烧沸，用湿淀粉调稀勾芡，起锅淋在炖钵内的鳝鱼上即成。

小提示

剖洗好鳝鱼，一定要用开水烫去鳝鱼身上的滑腻物，这样烧出来的鳝鱼才更美味。

砂锅生焖草鱼

〔主材料〕

草鱼800克

[调味料]

冬笋、黄豆芽、豌豆苗、核桃、金针菇、何首乌、天麻各适量。

● 做法

1. 鱼去骨切块；核桃仁用开水浸泡，剥皮，洗净；何首乌、天麻用纱布包好，放入沙锅中煎汁，过滤备用；冬笋洗净切条；豌豆苗、金针菇、黄豆芽洗净。

2. 起油锅，倒入猪油烧热，放入葱、生姜炒香，倒入高汤、何首乌、天麻、冬笋、豌豆苗、金针菇、黄豆芽，烧开后再加入盐和胡椒粉调味，撇去浮沫，倒入沙锅即可。

小提示

做菜时要注意炒冬笋的时候油温不要太热了，否则不能使笋里熟外白。

豆芽炒大肠

〔主材料〕

猪大肠200克

[调味料]

黄豆芽、尖辣椒、李锦记卤水、水、油、盐、蒜茸少许。

● 做法

1. 把处理好的大肠，放入加了少许卤水和水的锅内煮至大肠熟透；拿出放凉，切段备用。
2. 把豆芽摘洗干净，沥干，尖辣椒洗净切丝。
3. 烧热锅，加入油适量，先爆香蒜后加入豆芽、椒丝，拌炒一下，随即加入切好的大肠，翻炒数下后加入少许盐，翻炒数下马上起锅即可。

小提示

先把蒜去皮，再拿去蒸两三分钟，蒸出来再捣碎，加植物油根据个人口味可以放酱油和盐，熟蒜蓉要捣久一点。

FOOD COOKING
 酸菜鱼

〔主材料〕

草鱼1条

[调味料]

泡酸菜、泡红辣椒、泡仔姜、葱花、花椒、蒜、盐、料酒、肉汤、熟菜油各适量。

● 做法

1. 将鱼两面各切3分，酸菜揾干水分，切成细丝，泡红辣椒剁碎，泡姜切成粒；炒锅置中火上，下熟菜油烧至六成热，放入鱼炸呈黄色时捞出。

2. 锅内留油，放入泡红辣椒、姜、葱花，再掺入肉汤，将鱼放入汤内。汤沸后移至小火上，放入泡酸菜，烧约10分钟，加入醋，即可盛入盘。

小提示

　　花椒可除各种肉类的腥气；促进唾液分泌，增加食欲。

 铁板猪肺

〔主材料〕

猪肺200克

[调味料]

青红椒、洋葱、姜、糖、黑胡椒各适量。

● 做法

1. 洋葱、姜切片，青、红椒切片，猪肺切片，在沸水中焯一下。

2. 洋葱生姜爆香后，加入少许黄酒，把切好的猪肺在七成热油铁板上和洋葱生姜混在一起煸，加入青、红椒、黑胡椒，少许酱油，然后两面翻煸，至色变，加入少许糖，和高汤，至高汤快干为止。

小提示

　　猪肺忌白花菜、饴糖同食，同食会腹痛、呕吐。

 盐水鸭

〔主材料〕

鸭1只

[调味料]

盐、花椒、八角、料酒各适量。

● 做法

1. 鸭宰好取出内脏洗净，盐、花椒、八角在锅中炒出香味，盐趁热抹擦于鸭子内外，肉厚的地方多放盐多揉擦，让盐渗入，取一只塑料食品袋，把腌好的鸭子及多余的盐放入，在冰箱冷藏室置放24～48小时。

2. 烧开水，鸭子冲洗放入，放入葱结、姜块。开锅时倒入料酒，烧沸10分钟后转小火焖约20～30分钟，鸭子捞出斩块装盆，原汁鸭汤淋上一勺。

小提示

　　盐水鸭很适合身体虚弱疲乏的人，因为鸭肉正可以起到补血的功效。

百合红烧肉

〔主材料〕

五花肉300克、百合10克

〔调味料〕

豆瓣酱、酒、老抽、生抽、盐、糖、姜、花椒各适量。

● 做法

1. 先把五花肉切块，放入滚水中余烫，春笋切滚刀块放入滚水中煮2分钟捞出，放在凉水中备用。

2. 炒锅中放油放豆瓣酱炒出红油，放花椒姜片和五花肉一起翻炒至五花肉微黄倒酒，老抽，生抽，盐，糖加开水到淹着肉，放入高压锅压15分钟。

3. 落气后，加入百合再压10钟，一道好吃的时令菜肴成功了。

小提示

肉嫩酥烂、汤汁稠浓。

剁椒芋芳蒸猪脑

〔主材料〕

芋头100克、猪脑1个

〔调味料〕

猪脑、剁椒、生抽、葱花各适量。

● 做法

1. 芋头去皮洗净，沥干水分，切片备用。

2. 锅内热油，将芋片倒入翻炒，加猪脑、适量水，少许生抽，焖煮几分钟。

3. 待汤汁变少变稠时，加入剁椒炒匀，改大火收汁，撒上葱花即可起锅。

小提示

高胆固醇者及冠心病患者、高血压或动脉硬化所致的头晕头痛者不宜食用。

枸杞白玉煲牛肚

〔主材料〕

牛肚200克

〔调味料〕

枸杞、冬瓜、小葱、花椒、盐、酱油、味精、醋、花椒油、高汤各适量。

● 做法

1. 牛肚洗净煮熟煮透切细丝；小葱切2厘米长的段；冬瓜去皮切片。

2. 油锅烧热，投入花椒，炸出香味，捞出花椒不要，花椒油留用；熟牛肚丝加小葱段，加盐、酱油、味精、少许醋和花椒油翻炒，加入高汤、枸杞、冬瓜片，煮沸即成。

小提示

醋可以开胃，促进唾液和胃液的分泌，帮助消化吸收，使食欲旺盛，消食化积。

酸汤肥牛锅

〔主材料〕

肥牛卷一盒

[调味料]

金针菇、小米辣、姜、蒜、油、酱油、鸡精、剁椒酱各适量。

● 做法

1. 锅热倒油，火调小后加入姜、蒜、小米辣炒一下。
2. 爆出香味后锅里加清水，往汤加盐、酱油、剁椒酱调味；水烧开后滤掉汤里的配料，往汤里倒入肥牛卷，牛肉变色后再加金针菇。
3. 差不多都熟了之后，切开柠檬，把汁挤进汤里，加一点鸡精出锅！

小提示

感染性疾病、肝病、肾病的人慎食。

香辣鱼煲

〔主材料〕

花鲢中段300克

[调味料]

尖椒、淀粉、胡椒粉、盐、料酒酱油、米醋、糖、葱姜蒜、香菜各适量。

● 做法

1. 花鲢中段切成块，加盐、胡椒粉、料酒腌制15分钟，加干淀粉拌匀。
2. 起油锅，油温升7成热，放鱼块炸制表面金黄捞出。大葱、生姜、大蒜切片，红尖椒切片。
3. 另起油锅，放入葱、姜、蒜、红尖椒爆香，再放入炸好的鱼块，加酱油、米醋、白糖、和剩余的料酒、盐，大火翻炒2分钟，加味精和香菜段炒匀即可。

小提示

鳙鱼属于高蛋白、低脂肪、低胆固醇的鱼类，每100克鳙鱼中含蛋白质15.3克，脂肪0.9克。

排骨玉米汤

〔主材料〕

排骨500克

[调味料]

玉米1根，胡萝卜20克，盐、香油各适量。

● 做法

1. 排骨洗净剁寸段；玉米剥皮洗净剁段；胡萝卜洗净切块。
2. 将排骨放入沸水锅中焯去血水，捞出备用。
3. 锅置火上，倒入适量水，加排骨、玉米、胡萝卜，用大火煮沸后改用小火炖90分钟。
5. 加盐调味，淋上香油即可。

小提示

玉米有调中开胃及降血脂、降低血清胆固醇的功效。

爆肚汤

〔主材料〕

牛肚200克

〔调味料〕

油菜心30克，芦笋5克，香菇15克，香菜5克，盐，味精，酱油，黄酒，胡椒粉各适量。

● 做法

1. 牛肚洗净，去外皮，顺丝片成大薄片，再放进凉水碗里过一下。

2. 然后放入开水锅内稍焯一下，随即迅速捞入凉开水中过凉。

3. 炒锅放在旺火上，加入清汤、精盐、黄酒，待汤沸，撇去浮沫。放入菜心、香菇、笋尖、味精，盛在大碗中，撒入肚片即成。

小提示

味甘，性平。能补虚益脾胃。适用于病后体虚，脾胃虚弱，消化不良。

鲫鱼豆腐汤

〔主材料〕

鲫鱼1条、豆腐1盒

〔调味料〕

姜3片，葱3段，油、盐、胡椒、料酒、鸡精各适量。

● 做法

1. 鲫鱼开膛去内脏，去鳞去鳃，洗净，抹干，用盐和料酒稍腌待用。豆腐切成1厘米厚的块。

2. 砂锅烧热，放入少量油，将鲫鱼放入，煎至两面呈金黄色。加入葱姜，加入足够开水。

3. 加盖，烧开后转小火，煲40分钟，加入豆腐，再煮5分钟左右，加盐和胡椒、鸡精调味即可。

小提示

鲫鱼补虚，诸无所忌。但感冒发热期间不宜多吃。

南瓜柴鸡汤

〔主材料〕

鸡块200克

〔调味料〕

南瓜、香葱、姜、生抽、料酒各适量。

● 做法

1. 鸡块放有料酒的水里焯水，冲洗一下，热锅炒香葱姜下鸡翻炒，下盐，点点生抽，不要用酱油免得颜色难看。

2. 炒到肉紧了下热水，烧开，转高压锅下南瓜一起压，冒气后10分钟。

3. 压好后南瓜都烂了，这样汤更浓。冬天也可以把鸡炖个20分钟再把南瓜放进去继续炖，汤放多点，可以烫点蔬菜吃也很好吃。

小提示

料酒的作用主要是去除鱼、肉类的腥膻味，增加菜肴的香气，有利于咸甜各味充分渗入菜肴中。

鲜藕根瘦肉汤

〔主材料〕

鲜藕根200克

[调味料]

瘦肉、排骨、薏仁、赤豆、土茯苓、扁豆、清水各适量。

● 做法

1. 鲜藕根去泥擦洗干净，切厚片，

2. 所有材料一并放入锅内注入清水，煲至水滚，转慢火煲3小时即可。

小提示

煮熟的藕性味甘温，能健脾开胃，益血补心。

咸肉冬瓜汤

〔主材料〕

冬瓜600克、咸肉100克

[调味料]

姜两片，料酒10ml、鸡精少许。

● 做法

1. 冬瓜去皮去籽，洗净切块，咸肉切片；

2. 咸肉和姜片放锅中加清水煮开，撇去浮沫。加料酒后煮30-40分钟；放入冬瓜，煮至冬瓜软熟加鸡精少许即可；

小提示

肉片干香，味道鲜关，色泽美观。

党参鸡肉煲

〔主材料〕

老母鸡1只

[调味料]

党参10克，淮山15克，红枣15克（去核），料酒、姜、葱、味精、精盐各适量。

● 做法

1. 将老母鸡宰杀，去毛及内脏、洗净、切块。

2. 党参、淮山、红枣洗净；姜切片；葱切段。

3. 锅置火上，加适量清水，放入鸡块、党参、淮山、红枣、姜、葱、料酒及少许精盐，用旺火煮沸后，改用文火煮至鸡肉熟透，加入味精、精盐调味即成。

小提示

清香爽口，质地细嫩，味道鲜美，营养丰富。

浓汤鸡煲翅

〔主材料〕

水发金钩翅100克、母鸡1只

〔调味料〕

瘦肉、猪骨、姜汁、料酒、葱姜、盐、味精、鸡粉、胡椒各适量。

● 做法

1. 母鸡斩大件，猪骨斩块，同瘦肉一起加料酒焯水，洗净，放入沙锅内。鱼翅加姜汁焯水，放入沙锅中，加葱姜各、料酒、热水烧开，炖4小时，约留汤汁。

2. 将老鸡、猪骨、瘦肉、葱、姜捞出，老鸡只要腿，去骨，将腿肉撕碎，放入沙锅中，火腿10片烫后，也放入沙锅中。

3. 沙锅烧开，加盐、味精、鸡粉、胡椒粉，即可。

● 小提示

煲鸡汤将鸡皮和肥油剥掉，这样煲出来的汤一点也不肥腻。

五指毛桃煲瘦肉

〔主材料〕

瘦肉400克、五指毛桃200克

〔调味料〕

红萝卜1条，蜜枣3个，盐适量。

● 做法

1. 将五指毛桃浸泡后洗净备用。

2. 猪肉出水，加上先前所有的材料和切成块的红萝卜。

3. 加6碗水，用压力锅小火焖约45分钟，喝前加盐调味即可。

● 小提示

五指毛桃具有平肝明目，滋阴降火，健脾开胃，溢气生津，祛湿化滞，清肝润肺等作用。

玉米烧猪尾

〔主材料〕

甜玉米2根、猪尾巴4根

〔调味料〕

盐、糖、葱、姜各适量。

● 做法

1. 玉米切好后就可以直接放锅里煮，锅里多加点水，入一点盐，入一点糖，大火。

2. 再拿一锅，把切好的猪尾巴先冷灼一下，捞出，再用热水涮净浮沫，将猪尾巴放入滚开的玉米锅里，大火烧开后，盖上锅盖小火炖，可以放姜片、葱条。

3. 两小时后成，自己尝一下，可以根据口味再适当调味即可。

● 小提示

据说玉米对预防心脏病、癌症等有很大的好处。

 ## 白果鸭煲

〔主材料〕

光鸭一只、白果4两、黄芽白八两

[调味料]

芫絮二棵、胡萝卜、磨豉鼓、蚝油、鸡粉、生粉、酒、老抽、果皮各适量。

● 做法

1. 白果去壳，放滚水中煮五分钟，洗净滴干水。鸭洗净，下滚水中煮熟，取出滴干水，切块。
2. 下油二汤匙，爆透白果，然后下鸭爆片刻，加调味，白果焖熟，大约二十分钟，勾芡熄火。
3. 芽白洗净，切段。煮熟放在煲仔内，把鸭放在黄芽白上煲滚，放上芫絮。原煲上台即可。

小提示

优质的白果壳色洁白、坚实、肉饱满、无霉点、无破壳、无枯肉霉坏。

 ## 腐竹红烧肉

〔主材料〕

五花肉400克，腐竹100克

[调味料]

葱白25克，干辣椒、料酒、生抽、白糖、高汤、八角、花生油、淀粉各适量。

● 做法

1. 将五花肉洗净，切成方块形，用老抽腌制，腐竹切成小段状。
2. 油锅烧至六成热，放五花肉炸至红色捞出。
3. 起炒锅下油烧热，放入葱白、干辣椒、料酒爆香，下五花肉、高汤，调入生抽、精盐、味精、白糖、八角，加盖，中火烧至入味，再放入腐竹烧至收汁，原汁勾芡装盘。

小提示

肉类中脂肪含量平均在10-30%左右，主要是各种脂肪酸和甘油三脂。

 ## 永丸子冬瓜

〔主材料〕

冬瓜100克、猪肉150克

[调味料]

精盐、味精、淀粉、大葱、姜、色拉油各适量。

● 做法

1. 将猪肉洗净剁碎，放入碗内。加入精盐、味精、葱、姜末，再加适量水调成黏糊状。最后加入水淀粉拌匀。冬瓜去皮、去子、瓤，切成片。

2. 将炒锅置于火上，热后投入冬瓜煸炒，加入精盐，并略加清水，然后将肉馅挤成丸子。放入锅内，盖上锅盖，烧开后加入味精即成。

小提示

冬瓜软烂，丸子鲜嫩。

板栗扣鸭

〔主材料〕

鸭半只

［调味料］

栗子、甜面酱、柱候酱，八角、姜蒜葱、胡椒粉、糖、料酒、生粉各适量。

● 做法

1. 栗子煮一会去皮，红辣椒切块，姜切片，蒜拍烂，大葱切大段，鸭子洗净，抹干水分，斩件待用。

2. 锅烧热放油，爆炒鸭肉，捞出，爆香姜、蒜、大葱，小火爆甜面酱、柱候酱，放糖炒一会；转大火，放鸭肉、料酒扁炒，放鸡粉，加清水淹没鸭肉，小火煮 25 分钟，大葱夹出来丢掉，放栗子煮 25 分钟，大火收汁放辣椒块，生粉水勾芡，洒胡椒粉、香菜、葱段炒匀即可。

小提示

收汁的时间的可以不用太久，一般水煮得差不多干净了就好了。

小鸡炖蘑菇

〔主材料〕

童子鸡750克

［调味料］

蘑菇75克，葱、姜、干红辣椒、大料、酱油、料酒、盐、糖、食用油各适量。

● 做法

1. 将小仔鸡洗净，剁成小块；将蘑菇用温水泡 30 分钟，洗净待用。

2. 坐锅烧热，放入少量油，待油热后放入鸡块翻炒，至鸡肉变色放入葱、姜、大料、干红辣椒、盐、酱油、糖、料酒，将颜色炒匀，加入适量水炖十分钟左右后倒入蘑菇，中火炖三四十分钟即成。

小提示

小鸡炖蘑菇吃多了易上火，所以痛风病人以及阳虚体质，常有畏寒怕冷、四肢不温的人要少吃。

花雕醉鸡

〔主材料〕

鸡腿400克

［调味料］

党参须1小把，枸杞10克，葱姜，盐2汤匙、绍兴花雕酒1瓶。

● 做法

1. 鸡腿放沸水中烫 1 分钟，捞起沥干。党参须切小段；枸杞泡发，葱切段，姜切片。

2. 锅内注清水，放党参须、枸杞、葱段和姜片，加盖大火煮沸。接着放入鸡腿，加盖大火煮沸，转小火续煮 15 分钟。捞起鸡腿，摊凉后斩成块状；汤汁倒入砂锅内，静置 30 分钟晾凉。注入花雕酒，加入盐调匀，放入鸡腿浸泡 2 小时以上。捞起鸡腿盛入碟中，淋上少许汤汁，即可上桌。

小提示

花雕酒酒性柔和，酒色橙黄清亮，酒香馥郁芬芳，酒味甘香醇厚。

锅仔黄酒煮乳鸽

〔主材料〕

乳鸽1只

[调味料]

薏仁米2大匙、干莲子40克、红枣，黄酒2杯、盐1/2茶匙、胡椒粉少许。

● 做法

1.乳鸽洗净，氽烫过放盅内；薏仁米洗净，泡水半小时。

2.盅内加入薏仁米、莲子及红枣，再倒入黄酒及清水，放入电锅（外锅加水2杯），蒸至开关跳起时，加盐及胡椒粉调味，即可盛出食用。

小提示

莲子中间青绿色的胚芽，叫莲子心，味很苦，却是一味良药。

腊肉香干煲

〔主材料〕

香干250克、腊肉（生）150克、冬笋100克

[调味料]

蘑菇（鲜蘑）100克，白砂糖10克，大葱5克。

● 做法

1.腊肉洗净切薄片，香干切斜刀块，姜、冬笋、蘑菇切片，葱打结。

2.取一小号陶瓷煲，将香干、冬笋、蘑菇片依次放入煲内。

3.香干在最下层，上面整齐排列腊肉片，放上葱结、姜片，加入适量的高汤、盐、白糖。烧沸后加盖，小火焖20分钟。拣去葱结，姜片即成。

小提示

腊肉醇香，香干鲜糯。

回锅排骨

〔主材料〕

排骨500克

[调味料]

青红椒、蒜、生抽、醋、植物油、酱油、盐、料酒各适量。

● 做法

1.把排骨去泡沫。捞起备用，放油，烧热加糖，把糖融化后成黄色，把排骨放进去炒，加料酒、生姜、醋，合着炒一会，放入蒜，炒到香味，加水煮开，大火五分钟。

2.把排骨捞起，放到碟子里，然后用高压锅五分钟，放油，把蒜，青红椒炒香，把高压锅的排骨倒进来，加上原来的汁即可。

小提示

有炸排骨的口感，同时又减少了用油量。

清炖蟹粉狮子头

〔主材料〕

猪肋条肉800克/青菜心12棵

〔调味料〕

蟹粉，绍酒，精盐、味精、葱姜汁、干淀粉。

做法

1. 猪肉刮净、出骨、去皮，切成细粒，用酒、盐、葱姜汁、干淀粉、蟹粉拌匀，做成大肉圆，将剩余蟹粉分别粘在肉圆上，放在汤里，蒸50分钟，使肉圆中的油脂溢出。

2. 切好的青菜心用热油锅煸呈翠绿色取出。取砂锅，锅底安放一块熟肉皮，将煸好的青菜心倒入，再放入蒸好的狮子头和蒸出的汤汁，上面用青菜叶子盖好，盖上锅盖，上火烧滚后，移小火上炖20分钟放味精即成。

小提示

具有补虚养身调理、气血双补调理、健脾开胃调理、营养不良调理之功效。

干煸肥肠

〔主材料〕

肥肠200克

〔调味料〕

姜葱、干辣椒、花椒、油各适量。

做法

1. 肥肠卤好后放凉，对剖改刀成一字条。先把锅烧热，放适量的油，下姜片及蒜头炸至金黄时，然后下切好的肥肠小火干煸。

2. 待肥肠煸至表皮微卷发黄时，加入干辣椒节、花椒、火锅底料一块炒制。

3. 起锅前加点葱段、芝麻油翻炒几下就可以出锅装盘。

小提示

色泽深红、筋韧辣香等口味特点。

山药炖牛腩

〔主材料〕

鸡皮糙山药200克、牛腩100克

〔调味料〕

八角、葱、姜、料酒、糖、味精、鸡精、剁辣椒各适量。

做法

1. 山药洗净去皮切块，牛腩切小块焯水去浮沫。

2. 锅中放油，先将八角炸香，再煸葱姜块，加料酒、水，下牛腩，翻炒后放入高压锅中煮20分钟取出。

3. 锅中放油，倒入牛腩，再加入山药、糖、剁辣椒、味精、盐、鸡精调味，一同炖至软烂入味即可。

小提示

牛腩入口即化，与山药味道巧妙融合。

鸡肾炖牛鞭

〔主材料〕

牛鞭200克，鸡肾100克

〔调味料〕

姜10克，枸杞子10克，胡椒粒5克，牛骨汤1700克，盐、鸡精、糖各适量。

● 做法

1. 牛鞭去膜汆水，加香料卤透改刀；鸡肾去膜，一开为二汆水；枸杞子洗净；姜切片待用。

2. 取净锅上火，放入牛骨汤、牛鞭、姜片、枸杞子、胡椒粒、鸡肾，大火烧开转小火炖50分钟调味即成。

小提示

　　牛鞭是用雄牛的外生殖器，有温补肾阳的功效。

葱炒肉片

〔主材料〕

肉片150克

〔调味料〕

京葱1根，姜3片。

● 做法

1. 京葱切斜刀，肉片加盐、酒，拌匀备用。

2. 热锅下油7成热时，放入姜片，稍稍爆香后倒入拌好的肉片，划炒到肉片变色盛起。

3. 锅内留油，把京葱倒入翻炒，加盐，炒透，再倒入肉片一起翻炒下，最后加少许鸡精起锅。

小提示

　　患有胃肠道疾病特别是溃疡病的人不宜多食葱。

川贝雪梨炖乳鸽

〔主材料〕

川贝母10克，生梨2只

〔调味料〕

鸽子1只，盐、料酒、姜各适量。

● 做法

1. 洗净川贝母；生梨去皮，去核，切块；鸽子去掉毛和内脏，洗净。

2. 把鸽子放入碗中，然后加入盐，料酒，姜等调料后一起放入盅中隔水炖，熟后食用即可。

小提示

　　养肺补元，润肺化痰。

榴莲炖乌鸡

〔主材料〕

乌鸡一只

[调味料]

枸杞、榴莲、姜、料酒、盐各适量。

● 做法

1. 乌鸡洗净切块，枸杞洗净，姜切片待用；榴莲剥壳，取一块榴莲肉，再割下榴莲的内壳。

2. 坐锅烧水，水开后放入乌鸡块煮滚五分钟，待水中飘起一层浮沫后捞出乌鸡，洗净待用。重起锅，放入乌鸡、姜片、料酒、榴莲壳，大火煮沸，然后转小火慢炖。

3. 乌鸡熟透后，取出姜片和榴莲壳，放入榴莲肉慢炖一会，撒盐出锅。

小提示

此汤性质温和、滋阴益气

红焖野猪肉

〔主材料〕

野猪肉500克，鲜蘑菇200克

[调味料]

料酒、味精、精盐、酱油、葱段、姜片、胡椒粉各适量。

● 做法

1. 将野猪肉洗净，放入沸水锅焯一下，捞出洗净血污切块。

2. 锅烧热，放入野猪肉煸炒几下，烹入酱油、料酒煸炒几下，加入精盐、葱、姜和适量清水。焖烧至肉熟烂，加入蘑菇烧段时间，加入味精、胡椒粉，推匀出锅即成。

小提示

可作为体虚赢瘦、营养不良、食欲不振、乏力、咳嗽等多种病症患者的辅助营养菜肴。

小黄鱼炖豆腐

〔主材料〕

小黄鱼100克、豆腐150克

[调味料]

料酒、盐、糖、鸡精、酱油、葱、姜、花椒、八角、淀粉、蒜、食用油各适量。

● 做法

1. 将小黄鱼洗净蘸少许淀粉，豆腐切成长方条用开水焯一下捞出，葱、姜、蒜洗净切成末。

2. 坐锅点火倒油，油热将鱼逐放入锅内炸熟捞出待用。

3. 锅内留余油，油热放入八角、花椒、葱、姜、大蒜煸炒出香味，加入酱油、盐、糖、料酒、鸡精，倒入小黄鱼、豆腐炖 10 分钟即可出锅。

小提示

鱼肉鲜嫩，风味独特。

干炸里脊

〔主材料〕

猪里脊肉200克

[调味料]

葱、姜、料酒、盐、酱油、胡椒粉、鸡蛋、淀粉、面粉各适量。

● 做法

1. 猪里脊肉片成片，用盐、料酒、酱油、胡椒粉、葱、姜腌渍30分钟。
2. 鸡蛋液、淀粉、面粉、少量色拉油和成糊。
3. 用温油炸至外皮凝固捞出，至油温上升至7成时，复炸至金黄色。
4. 蘸椒盐食用。

小提示

色泽金黄、外皮酥焦、里脊鲜嫩、制作简捷。

米椒炒卤肠

〔主材料〕

卤肠250克

[调味料]

青辣椒、鲜花椒、盐、白糖、辣椒面、辣椒段、姜、蒜、葱花、香油、料酒、鸡精各适量。

● 做法

1. 卤肠洗净用沸水焯一下，青辣椒洗净切成段。

2. 坐锅点火，倒油，待油8成热时，放入青辣椒、青花椒、干辣椒、姜、蒜翻翻炒，再倒入卤肠，关火，加入盐、白糖、料酒、鸡精调好味后开火翻炒，倒入香油、干辣椒即可。

小提示

味道甘香，鲜嫩可口。

辣白菜五花肉

〔主材料〕

五花肉200克，辣白菜50克

[调味料]

白糖10克，盐5克，料酒15ml，香葱2根。

● 做法

1. 五花肉洗净后切成薄片，加入盐、料酒腌制20分钟。锅中加入少许油烧到四成热，放入五花肉片煎出香味，看到肉片微微卷曲，肥肉部开始焦黄时，立即转成小火。
2. 五花肉油分被煎出时，盛出备用。锅中的油倒出，留下底部剩余的即可，再次加热到3成热，放入辣白菜炒出香味，然后倒入之前煎好的五花肉，淋入辣白菜的汤汁，放入白糖拌匀，出锅前撒上香葱拌匀即可。

小提示

泡菜发酵产生酸味的乳酸菌，不但可以净化胃肠，而且能够促进胃肠内的蛋白质分解和吸收。